自制蜡烛手工课

〔日〕前田佐千子 著
曲天皓 译

HANDMADE CANDLE

唯美手工蜡艺制作完全详解

人民邮电出版社

北京

图书在版编目（CIP）数据

自制蜡烛手工课：唯美手工蜡艺制作完全详解 /
（日）前田佐千子著；曲天皓译. -- 北京 : 人民邮电出
版社，2022.1（2023.3重印）
ISBN 978-7-115-57555-5

Ⅰ.①自… Ⅱ.①前… ②曲… Ⅲ.①蜡烛—手工艺
品—制作 Ⅳ.①TS973.5

中国版本图书馆CIP数据核字（2021）第201947号

版权声明

内 容 提 要

本书是一本讲解手工蜡烛制作的治愈系手工教程，适合手工爱好者和热爱生活的你阅读，也适合作为手工体验工作室的辅助教材。

全书共分为 6 个部分。第 1 部分是蜡烛制作的入门基础知识，讲解了蜡烛制作的工具、材料和基础技法；第 2 部分至第 6 部分分别是模具蜡烛、甜品蜡烛、鲜花蜡烛、硅胶模具蜡烛和蜡艺组合的制作。本书案例丰富，图片精美，制作步骤清晰，内容由浅入深，并配有贴心的小提示，可以帮助读者轻松上手。

跟随本书，用治愈的手工进入蜡的世界，制作看得见的美好芳香。

◆ 著　　　　[日] 前田佐千子
　　译　　　　曲天皓
　　责任编辑　刘宏伟
　　责任印制　周昇亮

◆ 人民邮电出版社出版发行　　北京市丰台区成寿寺路 11 号
　　邮编　100164　电子邮件　315@ptpress.com.cn
　　网址　https://www.ptpress.com.cn
　　北京宝隆世纪印刷有限公司印刷

◆ 开本：787×1092　1/16
　　印张：13.25　　　　　　　　　2022 年 1 月第 1 版
　　字数：245 千字　　　　　　　2023 年 3 月北京第 2 次印刷
　　著作权合同登记号　图字：01-2020-6487 号

定价：128.00 元

读者服务热线：(010)81055296　印装质量热线：(010)81055316
反盗版热线：(010)81055315
广告经营许可证：京东市监广登字 20170147 号

前言

我在上小学时第一次接触到蜡烛手工。此前我虽然也喜欢绘画、自制点心，但制作能随温度变形的蜡烛如同寻找新大陆一般令我着迷。那时取得原材料并不容易，我便熔化供佛蜡烛，自行混合各种材料来自制蜡烛。此后 30 年，我几乎每天都与蜡相伴。

20 年前，我与姐姐创建了 Candle. Vida 工作室，开始制作、出售蜡烛，并开设手工蜡烛制作课程。从 Candle. Vida 成立初期便开始购买蜡烛产品或是常年来参加课程的朋友，大概会对本书中的作品深感怀念。

有很多朋友在期待我的新作，上课时也经常有人提问："老师，下个月要做什么呀？"这令人倍感欣喜。有时我会感到一些压力，有时则能意外地顺利完成新作。我潜心研究如何让花与甜点蜡烛更加逼真，终日专注于授课与蜡烛制作。

本书汇集了我在过去 30 年里通过不断试错得出的各种蜡烛制作方法。虽然有很多作品和技巧未能收录其中，但本书精选了对蜡烛手工初学者、想制作更美妙作品的人、有志成为蜡烛制作师的朋友有所帮助的内容。

近年来，我也挑战了许多新的技法。例如在果冻蜡中放入花朵，制成如同花浮在水中般美丽的花朵果冻蜡烛；或是制作前人未曾尝试过的无比逼真的黏土蜡烛。

蜡烛本身可以作为艺术品，点燃后摇曳的火焰可以治愈心灵，但也有引发火灾的危险。制作蜡烛时应时刻牢记美丽背后伴随着危险，注意安全。

愿你在烛光照耀下尽情享受制作蜡烛的乐趣。

——前田佐千子

目录

1. 蜡烛制作的入门基础知识

这部分主要介绍制作蜡烛必不可少的工具、原料及技法。掌握蜡的正确使用方法及温度控制技巧有助于制作美观的蜡烛。

工具和材料的准备工作

基础工具

本书几乎所有作品都会用到这些工具，请在厨具店及文具店一次性买齐。此处未介绍的工具会在对应作品教程页进行介绍。

A. 锅
锅用于熔化蜡。应选择可用于电磁炉的珐琅锅、不锈钢锅或铝锅。因为经常需要用锅为蜡上色，所以用白色内壁的锅会更方便。

B. 烧杯
烧杯用于给蜡上色及搅拌蜡。本书使用容量为500mL的烧杯，白色内壁。本书推荐使用带把手的珐琅烧杯，如果蜡在烧杯中凝固，可以直接用电磁炉加热。

C. 温度计
温度计用于测量蜡的温度。正确地控制蜡的温度不光有利于作品制作，更是安全操作的重要一环，因此必须准备温度计。

D. 塑料勺
塑料勺的用途广泛，例如用于将少量蜡铺在烘焙纸上。本书使用16cm长的一次性勺子（7mL）。

E. 工作手套
工作手套用于拿取热锅与热杯。

F. 纸杯
纸杯用于给蜡上色、搅拌蜡、倒少量蜡液等。

G. 纸巾
纸巾用于给模具涂油及擦除多余蜡液。

H. 竹签
竹签用于为烛芯开孔、制作花瓣及绘制图案。

I. 一次性筷子
一次性筷子用于搅拌蜡液、固定烛芯。

J. 厨房秤
厨房秤用于称量蜡等原料的重量，应选用可精确到1g的型号。

K. 直尺

直尺用于测量长度。

L. 美工刀

美工刀用于切割蜡。

M. 剪刀

剪刀用于剪烛芯、烘焙纸、果冻蜡等。

N. 订书机

订书机用于制作纸盘。

O. 尖嘴钳

尖嘴钳用于固定烛芯与垫片。

P. 电磁炉

电磁炉用于熔化蜡，应选用可设定温度的型号。

* 切勿使用燃气等明火加热，否则可能引发火灾。

Q. 牛皮纸

将牛皮纸铺在操作台上，可防止弄脏桌子。牛皮纸比报纸更防滑，方便操作。

R. 烘焙纸

烘焙纸用于制作纸质烤盘、摊平蜡液等。

S. 铝箔

铝箔用于给纸质烤盘中的蜡液保温、制作硅胶模的公模。

蜡

蜡是制作蜡烛必不可少的原料，主要分为石油蜡、动物蜡、植物蜡。

A. 石蜡

石蜡是指从原油中提炼的蜡，是蜡烛的必要原料，熔点（固体开始熔化时的温度）为47℃~69℃。熔点为58℃的石蜡一年四季都可以使用，本书主要选用此种石蜡，有时也会直接使用未经熔化的小颗粒石蜡。

熔化蜡时切勿明火加热，必须使用电磁炉。请时刻控制蜡液的温度。

B. 微晶蜡

将微晶蜡混入石蜡可以增加其黏性及韧性，减少气泡。微晶蜡用量为石蜡的5%~20%，具体用量随作品需要而异。微晶蜡容易沉淀，需要与石蜡充分混合。微晶蜡分为板状与粉末状，本书选用板状微晶蜡。微晶蜡提炼自石油，其熔点为70℃。

C. 硬脂酸

硬脂酸是一种提取自牛油的饱和脂肪酸。在石蜡中添加5%~10%硬脂酸，可以提升蜡烛硬度，更易塑形，延长燃烧时间。将其熔化后染成白色，再凝固并研磨，可以制成糖霜状粉末。硬脂酸的熔点为60℃~62℃。

D. 果冻蜡

果冻蜡是透明、富有弹性，且形似果冻的石油蜡。果冻蜡容易变形，通常装在玻璃容器里，熔点为70℃~90℃。本书选用熔点为72℃的果冻蜡。果冻蜡中容易混入气泡，需要高温操作，应注意安全。

将果冻蜡用剪刀剪碎更易熔化。

果冻蜡和其他蜡混合会变浑浊，使用时应注意制作工具上不要残留其他蜡。

E. 硬质果冻蜡

硬质果冻蜡是用于制作透明果冻蜡烛的石油蜡，混合了高纯度矿物油，相对不易变形，熔点高达115℃，使用时应注意安全。

F. 豆蜡

豆蜡是提炼自大豆的植物蜡，熔点为54℃~55℃，燃烧时烟很少。豆蜡呈白色，上色后整体会呈乳白色。

G. 奶油蜡

奶油蜡是用于制作花朵蜡烛的植物性混合蜡，熔点为65℃。熔化后可将奶油蜡装入有裱花嘴的裱花袋使用。奶油蜡时间过长会冷却凝固，加入无水酒精可以延缓凝固，建议用量为蜡的4%~10%，过多有失火危险；气温越低，无水酒精用量可以越多（但绝对不可超过蜡的10%）。无水酒精应在蜡液65℃~75℃时加入并充分混合。如果蜡凝固，可以用热风枪加热裱花嘴（见第19页）。

H. 蜂蜡（漂白）

蜂蜡是由工蜂体内蜡腺分泌出来的蜡，有独特的香气，黏性强，可与微晶蜡起同等作用。蜂蜡颜色略黄，熔点为63℃~65℃。

I. 棕榈蜡

棕榈蜡是由棕榈叶精炼的植物蜡，几乎不含碳元素，燃烧时无烟。本书使用凝固后会产生独特晶体的晶体棕榈蜡。若单独使用棕榈蜡成品容易开裂和收缩，必要时可添加适量石蜡。但若石蜡添加过多，会导致不易成型。棕榈蜡的熔点为57℃。

烛芯与垫片

蜡烛燃烧必须有烛芯，本书使用棉线制作的棉芯及木质的烛芯。

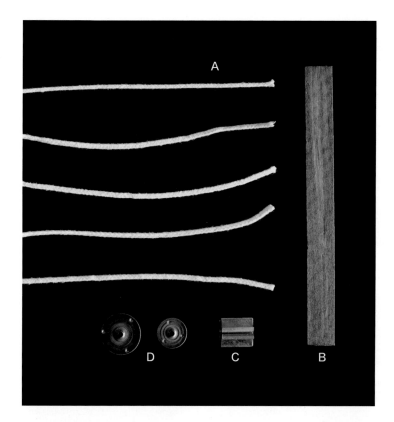

A. 棉芯

棉芯是棉线绞成的蜡烛专用芯，本书使用 5 种直径的棉芯。根据制作蜡烛的种类及直径，选用不同型号的烛芯。棉芯使用前应在蜡液中充分浸润。

B. 木芯

木质烛芯燃烧时会有哔哔剥剥的响声。木芯使用时应浸润蜡液，并夹在专用垫片（C）上。

C. 专用垫片

D. 垫片

垫片的作用是固定烛芯，使其不倾倒。另外，垫片也可使燃尽的蜡烛安全熄灭。本书使用直径为 1.5cm、高 0.3cm 及直径为 2cm、高 0.3cm 两种尺寸的垫片。

棉芯浸蜡方法

1. 熔化石蜡，在 80℃ ~90℃时将所需长度的棉芯浸入蜡液，用一次性筷子夹住。

2. 用厨房纸巾擦掉棉芯上多余的蜡，然后将棉芯拉直放置，待其干透。

3. 将浸蜡后的棉芯穿入垫片的孔，用尖嘴钳夹紧固定。

模具

模具的具体用法主要在第 2 部分中展示。

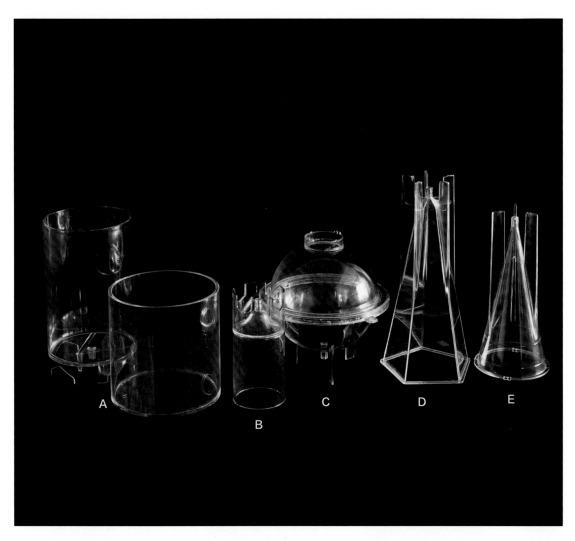

本书使用聚碳酸酯（PC）材质的模具。注入蜡液前，应在模具内壁涂上少许食用油（色拉油等无味油），使蜡液凝固后更容易脱模（见第28 页）。

* 模具形状及容量会随生产厂商而异。计算蜡的用量（重量）时可以将等量水倒入模具中称重作参考。

A. 圆柱形模具——用于第 42、48、54、148 页的作品。

B. 铅笔形模具——用于第 30、46、52、202 页的作品。

C. 球形模具——用于第 36 页的作品。

D. 五角锥模具——用于第 28、204 页的作品。

E. 圆锥形模具——用于第 40 页的作品。

蜡烛上色剂

蜡烛上色剂有颜料和染料两种，二者性质各异。本书使用颜料混合出各种颜色为蜡烛上色。

从左上开始依次为白色、黄色、红色、粉色、紫色、深蓝色、绿色、蓝色、棕色和黑色颜料。虽然各个厂商会生产多种颜色的颜料，但请备齐上述 10 种颜色的颜料，用这些颜料可以混合出绝大多数颜色。

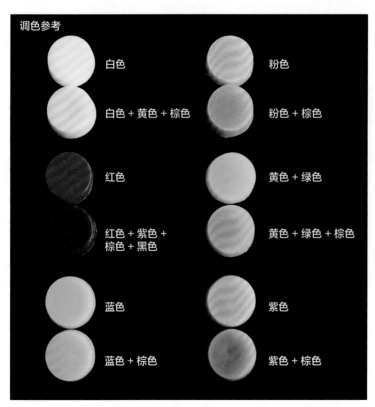

调色参考

白色	粉色
白色 + 黄色 + 棕色	粉色 + 棕色
红色	黄色 + 绿色
红色 + 紫色 + 棕色 + 黑色	黄色 + 绿色 + 棕色
蓝色	紫色
蓝色 + 棕色	紫色 + 棕色

调色顺序上，首先加入浅色，颜料充分溶解后再慢慢加入其他颜色的颜料，逐渐调配出想要的颜色。液体和固体之间存在色差，可以先用烧杯调色，等待其冷却凝固确认颜色后，再重新熔化进行调整。

颜料

早期颜料有易凝固堵塞、易沉淀等缺点，但近年来的颜料由于工艺进步，遇热不易变色，适合用于蜡烛。颜料用量为蜡的 0.1%~1%，蜡液调和温度为 80℃ ~90℃。低温时颜料不易溶解，使用时应注意蜡液温度。若使用高熔点蜡，则以蜡熔化温度为准。

染料

染料颗粒细，上色效果好，颜色鲜艳，但易溶解。燃料不耐热，时间长了容易褪色。染料容易沾染在墙壁或架子上，陈列蜡烛时应注意。

上色方法

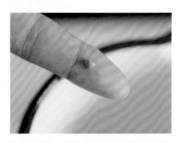

1. 熔化蜡，待温度达到 80℃ ~90℃时，缓慢加入上色剂。

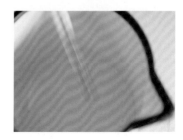

2. 用一次性筷子搅拌，直至上色剂完全溶解。逐渐加入上色剂并观察颜色。

亚克力用颜料

亚克力用颜料用于在完工时绘制图案。

使用笔或者竹签在蜡烛上绘制图案。亚克力用颜料每次用量很少，用烘焙纸调色比用调色板更方便。

金属粉

金属粉用于制作装饰片（见第 42 页）。金属粉除金色、银色外，还有多种颜色可选。

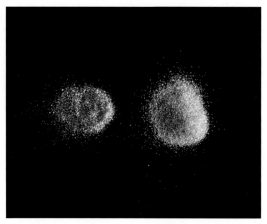

金属粉常用于美甲及手工制作，其粉末越细越好。

香料

香料用于为蜡烛添加香气。通常使用蜡烛专用香精或精油，可根据个人喜好酌情添加。含醇类溶剂的精油有因醇类挥发而导致失火的风险，请勿使用。

蜡烛专用香精及精油需避光贮存，应用专用保存瓶密封保存。蜡烛专用香精及精油通常用量为蜡烛总重的 3%~5%。蜡烛专用香精及精油适宜的添加温度为：石蜡 70℃ ~80℃、豆蜡 60℃ ~65℃。向甜点形的蜡烛里加入香草香精，可以使其效果更加逼真；向花形蜡烛里加入精油，便可做出典雅的香薰蜡烛。

制模用具

制模用具的用法主要在第 5 部分中展示。

A. 脱模剂

使用硅胶模具时将脱模剂喷在公模上，可使脱模更容易。

B. 珐琅溶剂

将珐琅溶剂涂在灰模表面可使其更光滑。

C. 制模用硅氧树脂

制模用硅氧树脂用于制作模具。硅氧树脂的生产厂商众多，本书使用旭化成瓦克硅胶公司生产的M8012 产品。硅氧树脂单独使用时不会凝固，需加入 4% 左右的配套硬化剂。使用硅氧树脂时需佩戴乙烯基手套。

D. 硬化剂

硬化剂用于使硅氧树脂硬化，通常与硅氧树脂配套出售。

E. 蓝色混合树脂（Blue Mix）（译者注：日本 AGSA 公司生产的一种树脂，一组两瓶，

混合后即凝固）

蓝色混合树脂用于制作油灰模具。蓝色混合树脂呈黏土状，简单易用，用于制作小物件的模具非常方便。将基剂（A 剂 / 白色）与触媒（B 剂 / 蓝色）等量混合后压在公模上即可制模。使用蓝色混合树脂时需佩戴乙烯基手套。

F. 灰色美国土

灰色美国土用于制作公模。美国土可以精细雕绘，也可使用热风枪或电吹风加热定型。

G. 油泥

油泥用于在使用模具或硅胶模时封口，防止蜡液流出。

H. 抹刀

抹刀用于在制作灰模时塑形。

I. 塑料板

制作硅胶模时，按公模尺寸用塑料板制作盒子。需要用胶带贴住缝隙，防止硅胶漏出。

裱花工具

裱花工具的用法主要在第 2 部分和第 4 部分中展示。下列工具中，A~E 为烘焙工具，F 为普通工具。

A. 裱花钉
裱花钉用于裱花，制作花朵时需旋转使用。

B. 裱花钉台
裱花钉台用于放置裱花钉。

C. 裱花剪

裱花剪用于将花从裱花钉上取下。

D. 裱花嘴
裱花嘴分为玫瑰形、圆形、星形、螺旋形等。

E. 裱花袋
因为裱花袋容易沾上蜡，所以建议使用一次性裱花袋。

F. 热风枪
蜡凝固时可用热风枪来加热裱花嘴。热风枪会喷出热风，使用时应小心。

裱花袋的用法

1. 在裱花袋上安装裱花嘴，将裱花嘴放进纸杯中。

2. 将膏状蜡装入裱花袋。

3. 拧紧裱花袋。

4. 用拇指挤压拧紧处。

手工蜡烛制作的基础技法

制作蜡片

用烘焙纸做一个纸盘，将蜡液平铺在其中制成蜡片。

蜡片可用于多个作品，例如第 39 页的条纹蜡烛、第 38 页的斑点蜡烛、第 136 页的蝴蝶蜡烛等。

制作纸盘

1. 按所需纸盘尺寸裁一张厚纸，然后按厚纸尺寸裁出一张四周多出 3~4cm 的烘焙纸。

2. 将烘焙纸沿厚纸折叠，压出折痕。

3. 取掉厚纸，将烘焙纸的四角折出三角形。

注入蜡液

4. 将三角形折向一边，用订书机钉住（胶带易松脱，故此处不使用）。对另外 3 个角进行同样处理。

5. 纸盘制作完成。如果只盛少量的蜡，也可不用订书机固定，仅折起四边即可。

6. 注入蜡液，待其凝固后去掉纸盘，按作品需求将蜡片做弯折或裁剪处理。

搅拌

用一次性筷子在蜡液开始凝固时搅拌。此时，石蜡会呈颗粒状，蜂蜡及奶油蜡会呈奶油状。很多蜡烛作品制作时都会用到这一技巧。

石蜡

1. 蜡液表面开始凝固时，用一次性筷子搅拌。

2. 刮拌附着在杯壁上的蜡，使其呈颗粒状。

3. 趁蜡尚软时将其倒在烘焙纸或模具中。此时，蜡的颗粒感强，常用于制作饼干类蜡烛。

蜂蜡与奶油蜡

用一次性筷子挑起未凝固的蜡，使其自然滑落。运用此技巧搅拌的蜡常用于制作甜点蜡烛的奶油部分。

蘸蜡

可用此技巧将零件接触面浸入蜡液以固定零件，或给作品裹一层蜡。若蜡液温度高则蜡膜薄，反之则蜡膜厚。

固定零件

1. 固定花瓣时，将需要固定的部位快速在蜡液里蘸一下。如果浸入时间太长，会导致零件熔化。

2. 蘸上一层薄薄的蜡就可固定住花瓣。

裹蜡层

1. 用手拿住要裹蜡的物件，将其一半浸入蜡液。蘸好后待其稍微冷却凝固，再蘸另外一半。

2. 这样可以为物件上色并令物件表面光滑。蘸蜡速度要快，不要长时间浸入。如果需要上深色，请反复多次操作。

清洁

锅和烧杯上附着的蜡可用电磁炉加热后使用厨房纸或纸巾擦掉，简单方便。请勿将用剩的蜡直接倒进水槽里。

如果蜡凝固，可用去污喷雾处理后擦掉。绝对禁止直接用热水冲洗，这会导致下水道堵塞。

1. 在蜡凝固处喷上去污喷雾。

剩余的蜡

如果蜡有剩余,可以倒入纸杯,以后重新加热使用。但是如果反复加热凝固,蜡的质量会逐渐劣化,还请尽早用完。

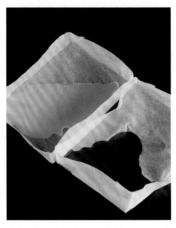

少量余蜡可以保存在纸盘里,下次使用时捏碎熔化即可。

2. 用厨房纸或纸巾擦掉。

制作前的准备工作

为了安全享受制作过程,请注意以下事项。

1. 事先确认原料、工具、制作步骤

由于蜡本身的特性,制作蜡烛时应尽快操作。原料应在开始制作前称量好。确认掌握制作步骤、工具齐全后,再开始制作。

2. 加热时必须有人看守

蜡在 200℃ 以上即可燃烧,所以熔化蜡时必须时刻有人看守。

3. 操作温度因季节及环境而异

蜡在气温高时不易凝固,气温低时则相反,操作温度可按本书中提供的范围调整。操作台太凉会导致蜡液凝固过快,可以在操作合上铺一层铝箔再操作。另外,加工过程中可以将铝箔盖在蜡液上保温。

4. 被蜡粘住

蜡如果粘在衣服上,只能通过干洗去掉,所以操作时请穿好罩衣。另外注意,蜡粘在头发上也非常难处理。各类果冻蜡需要高温熔化,接触时应小心烫伤。

商业用途须知

本书是蜡烛制作从入门到精通的教程。参照本书制作的作品无偿赠与他人自然无妨,但如果用于贩卖或开办工作室等商业用途,请遵守如下规则。

1. 关于将本书作品用于商业用途的说明

读者可参照本书介绍的技法制作蜡烛用于出售或开办工作室,但请勿原样模仿本书设计,应使用原创设计。但是,本书第106~135页披露的技法已由 Candle.Vida 工作室取得实用新型专利并获得专利权,未经许可不得商用。若需将上述技法用于商业用途,请联络由前田佐千子出任代理董事的蜡烛艺术协会。

2. 办理生产责任保险

(译者注:生产责任保险是指对提供给第三方的产品或服务造成的人身伤亡及财产损失进行赔偿的保险。)为防止售出的蜡烛引起火灾,贩卖蜡烛时必须附上说明书。最好办理生产责任保险,以防万一。

2. 基础蜡烛制作入门 模具蜡烛的制作

这部分主要介绍将单色蜡液直接注入模具制成
简单蜡烛，以及制作大理石纹理、刮蜡描绘风
景等高阶技巧。

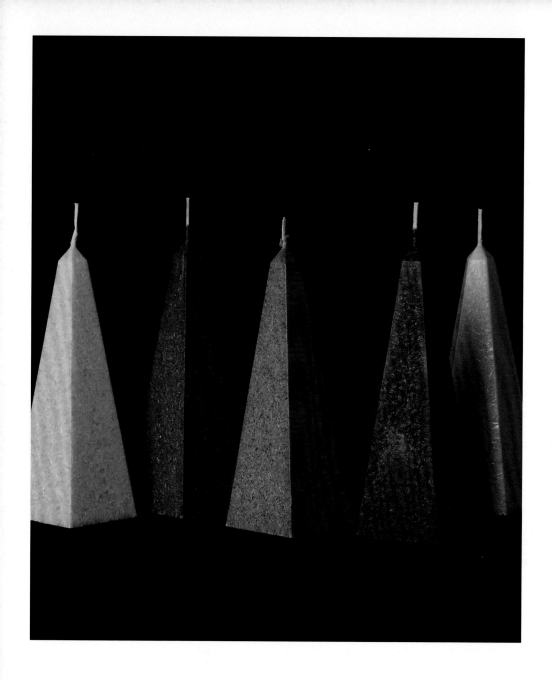

棕榈蜡烛

Palm Wax

用从棕榈叶中精炼出的植物蜡
制作的蜡烛会呈水晶状。将蜡
液注入五角锥模具就可以轻松
制成。

见第 28 页。

渐变蜡烛

Gradation

向铅笔形模具中注入着色蜡可
制成渐变蜡烛。根据蜡液的凝
固状况、注入时机的不同，渐
变的层次也会有所不同。

见第 30 页。

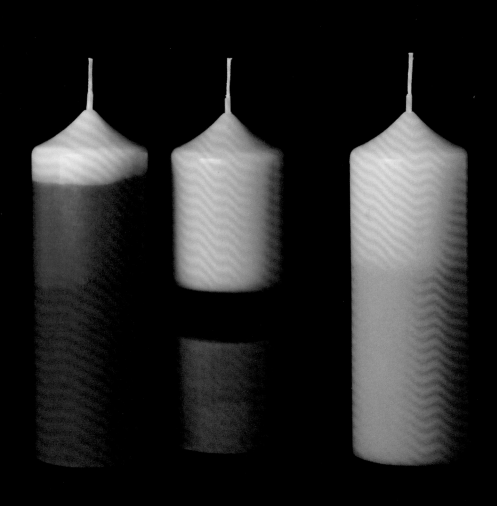

棕榈蜡烛的制法

（第 26 页）

原材料（1根）	工具
• 棕榈蜡（晶体）……230g • 蜡烛颜料（蓝色）……适量 • 棉芯……30cm • 食用油……适量 • 油泥……适量	• 五角锥模具（直径为7.6cm，高17.4cm） • 基础工具

模具准备

1

用一次性筷子夹住纸巾，在模具内壁涂上薄薄一层食用油。

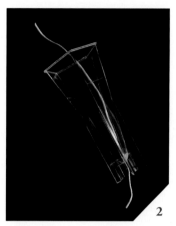

2

将棉芯穿过模具，上下各留出5cm左右。

3

用油泥封口，防止蜡液流出。

4

熔化230g棕榈蜡，在温度为80℃时加入蓝色颜料。

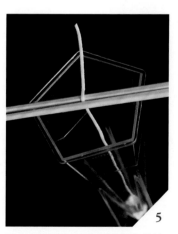

5

用一次性筷子夹住模具底部的棉芯。

注入蜡液

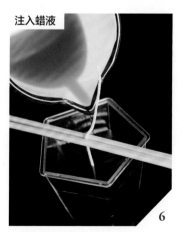

6

待蜡液温度降至65℃~70℃时将其注入模具。如果温度太高，会导致蜡烛难以脱模。

本例介绍了蓝色的棕榈蜡烛（第26页图左）的制作方法，改变颜料的颜色就可以制作其他颜色的蜡烛。模具的大小和形状可自行改换。棕榈蜡的用量应根据模具的容量进行调整，可以将水倒入模具中称重以确定蜡的用量。

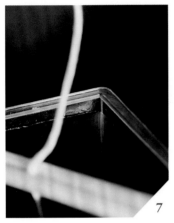

将蜡液加至距模具边缘0.5cm处，待其完全凝固。

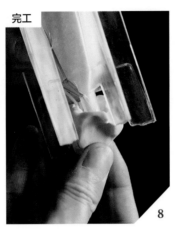

完工

蜡液完全凝固后，将封口的油泥取掉。

将底部棉芯尽量剪短。

将蜡烛脱模。如果难以脱模，可将其冷冻半天左右，再浸入90℃热水内1~2分钟，即可轻松脱模。注意不要让热水进入模具。

顶端留1~1.5cm棉芯，将其余部分剪掉。

棕榈蜡凝固后会变白，在此基础上继续上色即可。

渐变蜡烛的制法

（第 26 页）

原材料 （1根）	
	• 石蜡……330g
	• 微晶蜡……30g
	• 硬脂酸……15g
	• 蜡烛颜料（白色、粉色）……适量
	• 棉芯……25cm
	• 食用油……适量
	• 油泥……适量

工具	
	• 铅笔形模具（直径为 6cm，高 15.5cm）
	• 基础工具

制作两种颜色的蜡

1

混合熔化 300g 石蜡、30g 微晶蜡和 15g 硬脂酸。将蜡液分成两等份，一半加入白色颜料，另一半加入粉色颜料。

注入蜡液

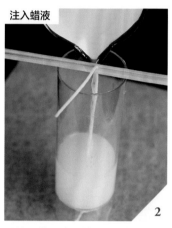

2

预处理模具（见第 28 页），用一次性筷子固定棉芯。将第 1 步制作的白色蜡液注入模具，操作温度为 90℃~100℃。

3

静置，待蜡表面凝固成膜。

4

稍微晃动模具，确定蜡表面已经凝固成膜。

5

待蜡膜形成后将第 1 步制作的粉色蜡液注入模具，操作温度为 90℃~100℃。

6

可以观察到粉色蜡与白色蜡开始融合。

本例介绍了白粉色渐变蜡烛（第 27 页图右）的制作方法，改变颜料的颜色就可以制作其他颜色的蜡烛。底层蜡液的凝固状态会影响渐变层的厚度，如果待其完全凝固，两种颜色便会完全分层。如果不能成功形成渐变，可以将模具浸入 90℃ 的热水中，使蜡烛稍微熔化。

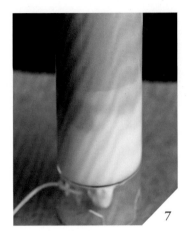

蜡烛形成了自然的渐变色。

将蜡液加至距模具边缘 0.5cm 处，待其完全凝固。

蜡液开始凝固收缩，蜡烛底部呈凹陷状。

完工

在底部凹陷处注入 30g 石蜡液，操作温度为 70℃ ~80℃，静置，待其完全凝固。

将蜡烛脱模，并将底部棉芯尽量剪短。

顶端留 1~1.5cm 棉芯，将其余部分剪掉即可。

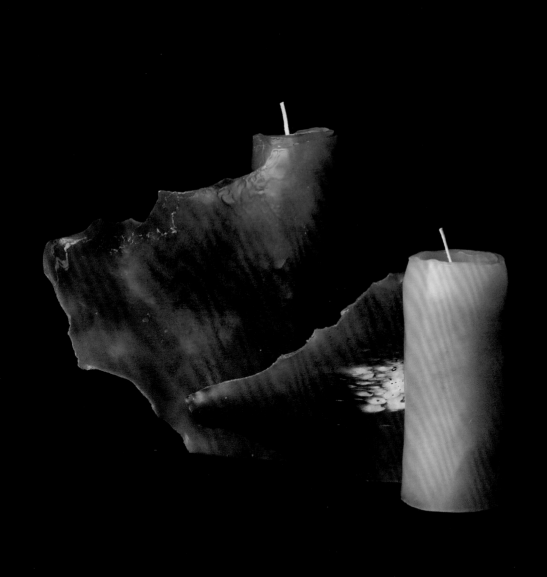

大理石卷蜡烛
Marble Roll

用滴墨的手法上色制成蜡片，
再将蜡片卷成圆柱形。蜡片不
必完全卷起，留出一部分在外，
如同旗帜飘扬，动感十足。

见第 34 页。

大理石球蜡烛
Marble Ball

在球形模具的内侧涂抹少量着
色蜡液，做出大理石纹理。做
出的随机花纹会非常有趣。

见第 36 页。

大理石卷蜡烛的制法

（第33页）

| 原材料（1个） | • 石蜡……220g
• 微晶蜡……22g
• 蜡烛颜料（蓝色、绿色、粉色、白色、黄色、棕色）……适量
• 棉芯……25cm | 工具 ｜ • 基础工具 |

制作蜡烛内芯

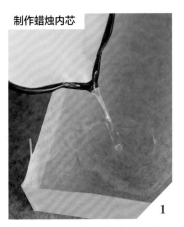

制作蜡片（见第20页）。制作一个长23cm，宽12cm的纸盘，加入100g石蜡、10g微晶蜡，操作温度为75℃~90℃。

待蜡片凝固，用手按不会有液态蜡冒出后，拆开纸盘，放上棉芯。

将棉芯卷起来。

一定要卷紧实，不留缝隙。

末端的蜡太硬，用美工刀裁去不用。

去掉太硬的部分，将蜡片末端卷好贴合。蜡烛内芯完成。

大理石纹理蜡片

制作一个长30cm，宽15cm的纸盘，在其中撒上各色颜料，注意使颜料分布均衡。

注入120g石蜡、12g微晶蜡，操作温度为75℃~90℃。温度越高，颜色混合得越均匀。

用一次性筷子混合颜色，制作出纹理。

本例介绍了大号的大理石卷蜡烛（第 32 页图左）的制作方法。如果要制作其他尺寸的蜡烛，可以改变纸盘尺寸。卷在外层的蜡片应比内芯大一圈。

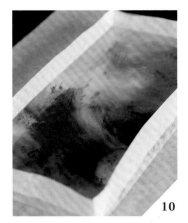

10

静置至蜡片凝固。

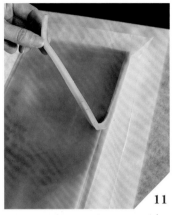

11

待蜡片凝固，用手按不会有液态蜡冒出后，拆开纸盘，切掉四周过硬的部分。

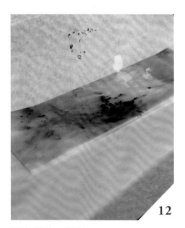

12

取出蜡片，翻面。

完工

13

用外层蜡片将内芯卷起来。

14

一定要卷紧实，不留缝隙。

15

将底部棉芯尽量剪短。

16

将蜡烛立起来。

17

用手撕彩色蜡片，调整边缘形状。

18

顶端留 1~1.5cm 棉芯，将其余部分剪掉。

大理石球蜡烛的制法
（第 33 页）

原材料（1 个）
- 石蜡……570g
- 微晶蜡……12g
- 硬脂酸……6g
- 蜡烛颜料（黄色、粉色、绿色、蓝色、白色、棕色）……适量
- 棉芯……25cm
- 食用油……适量
- 油泥……适量

制作 4 种颜色的蜡

1

在 4 个纸杯里分别加入黄色、粉色、绿色、蓝色颜料，之后在每个杯中分别加入白色颜料及少量棕色颜料。

2

熔化 120g 石蜡、12g 微晶蜡和 6g 硬脂酸，均分倒入 4 个纸杯中，操作温度为 100℃。温度太低的话颜料不能溶解，请将温度保持在 100℃。

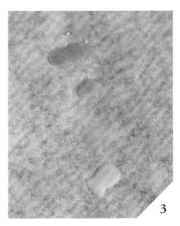

3

待颜料溶解后，分别取少量蜡滴在烘焙纸上，确认颜色。

制作大理石纹理

4

预处理模具（见第 28 页）。用塑料勺取粉色蜡液倒在模具里并用勺背抹平。

5

用相同手法在模具里抹上黄色蜡液。

6

用相同手法在模具里抹上蓝色、绿色蜡液。

7

旋转模具，注意色彩均衡，将蜡液全部涂好。

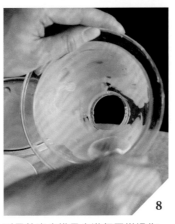

8

对另外半个模具也进行同样操作，使其颜色均衡。

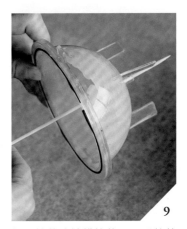

9

如果烛芯孔被蜡堵住，可用竹签捅开。

工具 | • 球形模具
（直径为 10cm）
• 长尾夹
• 基础工具

贴心小提示

绘制大理石纹理时，如果室温太低或者操作太慢，会导致蜡因过冷而附着在模具上，后续将不能顺利脱模。如果蜡凝固了，可以在第 11 步用 90℃的热水烫模具 5 秒左右。注意不要让热水进入模具。

10
穿入棉芯，用密封圈固定模具，并用油泥封住烛芯孔。

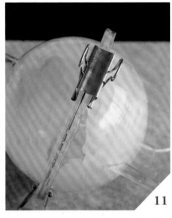
11
用 3 个长尾夹固定密封圈。

12
注入少量蜡液，倾斜模具使蜡在内壁上均匀附着。

13
将多余的蜡液倒回纸杯中。依此方法使 4 种颜色的蜡液都在模具内壁上均匀附着一层。

注入蜡液

14
将 300g 颗粒状石蜡直接倒入模具。

15
用颗粒状石蜡装满模具。

16
熔化 150g 石蜡并注入模具，操作温度为 70℃~80℃。

完工

17
待蜡液完全凝固后脱模。将底部棉芯尽量剪短。

18
顶端留 1~1.5cm 棉芯，将其余部分剪掉即可。

斑点蜡烛

Dot

将用金属粉制成的装饰圆片贴
在圆锥形模具内壁来制作斑点
蜡烛。银色与白色的波点非常
别致。

见第 40 页。

条纹蜡烛

Stripe

将双色蜡片裁成长条，贴在圆
柱形模具内侧来制作条纹蜡烛，
同时大胆使用金属粉进行装饰。
条纹蜡烛燃烧时烛光会透过金
属粉装饰，富有美感。读者也
可以将花朵蜡烛叠在上面。

见第 42 页。

斑点蜡烛的制法

（第 38 页）

原材料 （1根）	工具
• 石蜡……200g • 微晶蜡……10g • 硬脂酸……3g • 金属粉（银色）……适量 • 棉芯……30cm • 食用油……适量 • 油泥……适量	• 圆锥形模具（直径为 6cm， 高 15.5cm） • 圆形曲奇模具（直径为 2cm） • 基础工具

制作蜡片

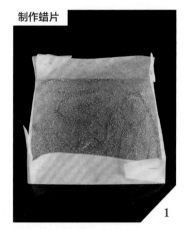

1

制作蜡片（见第 20 页）。制作一个边长为 10cm 的方形纸盘，在其中铺上银色金属粉。

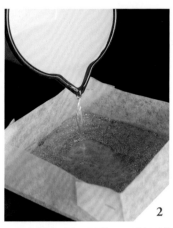

2

一口气倒入 50g 石蜡、5g 微晶蜡液，操作温度为 90℃ ~95℃。

3

待蜡片凝固，用手按不会有液态蜡冒出后，用曲奇模具压出 12 个圆片，及 4 片备用。

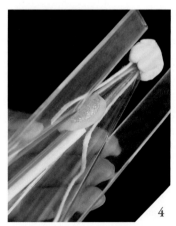

4

预处理模具（见第 28 页），将第 3 步制作的圆片贴在模具内侧，手够不到的地方可以用一次性筷子操作。圆片如果太凉就会变硬而无法与模具贴合，所以应趁热尽快操作。

5

均匀贴上圆片，12 片左右正好。

6

熔化 50g 石蜡、5g 微晶蜡、3g 硬脂酸，取少量注入模具，操作温度为 70℃ ~75℃。

第 2 步注入蜡液时，由于金属粉会使蜡更快凝固，因此要在高温
下操作（90℃～95℃）。

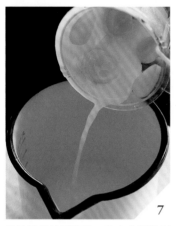

7

旋转模具使蜡挂壁，将多余蜡液倒
回烧杯。

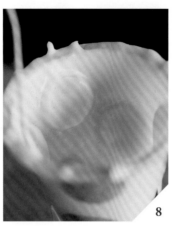

8

重复第 6 步和第 7 步，直至蜡层厚
度达到 0.3cm。

9

将 50g 颗粒状石蜡直接倒入模具。

10

熔化 50g 石蜡，温度为 70℃～
80℃时将石蜡液倒入模具。把纸杯
折出尖嘴更方便操作。

11

待蜡液凝固后脱模，将底部棉芯尽
量剪短。

12

顶端留 1~1.5cm 棉芯，将其余部
分剪掉即可。

条纹蜡烛的制法
（第 38 页）

原材料 （1 根）		
• 石蜡……710g		• 棉芯……20cm
• 微晶蜡……24g		• 垫片（直径为 2cm，高 0.3cm）……1 个
• 蜡烛颜料（蓝色）……适量		• 食用油……适量
• 金属粉（金色）……适量		• 油泥……适量

制作蜡片

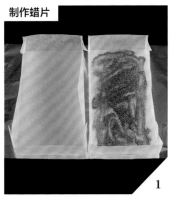

同时制作两份蜡片（见第 20 页）。制作两个长 23cm，宽 12cm 的纸盘并放在铝箔上，在其中一个的底部铺上金色金属粉。

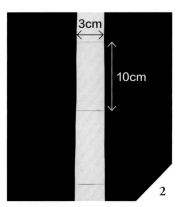

用厚纸板裁制条纹模板，宽度为 3cm，每 10cm 作一个标记。

熔化 120g 石蜡、12g 微晶蜡，加入蓝色颜料，注入未加金属粉的纸盘，操作温度为 90℃~95℃。

往有金属粉的纸盘里一口气加入 120g 石蜡、12g 微晶蜡，操作温度为 90℃~95℃。

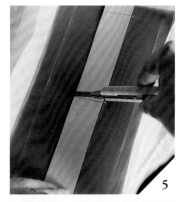

待蜡片凝固，用手按不会有液态蜡冒出后，用模板从两个纸盘中各裁出 6 片长 10cm，宽 3cm 的蜡片。
*实际各用 5 片。

逐片取出蜡片。

粘贴条纹

预处理模具（见第 28 页第 1 步），将模具与蜡片放在铝箔上，将蜡片贴合在模具内侧。

将蓝色、金色蜡片交错粘贴，注意不要留缝隙。

贴最后一片前，确认缺口的实际宽度。

工具
- 圆柱形模具
  （直径为 10cm，高 10cm）
- 厚纸板
- 基础工具

贴心小提示

本例介绍了金蓝色条纹蜡烛（第 39 页图右）的制作方法。第 4 步注入蜡液时，由于金属粉会使蜡更快凝固，因此需在高温下操作（90℃ ~95℃）。将铝箔铺在蜡片下面能起到保温效果。如果室温太低，蜡片凝固过快，可以在蜡片上覆盖铝箔，进一步增强保温效果。

10

贴最后一片时，用一次性筷子挤压两侧蜡片。

11

用手压住蓝色蜡片，使其整片插入，防止产生缝隙。

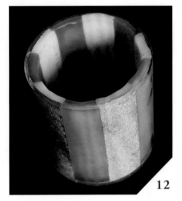
12

贴完全部 10 片蜡片。

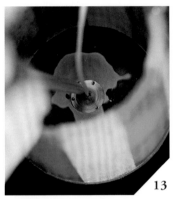
13

往模具底部滴少量蜡液，放入装好了棉芯的垫片，将其用一次性筷子压在蜡液上固定。

注入蜡液

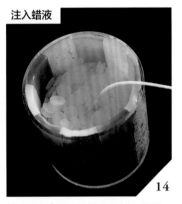
14

将 300g 颗粒状石蜡直接倒入模具。

15

熔化 170g 石蜡，温度为 70℃ ~80℃ 时倒入模具。

16

将蜡液加满至距模具边缘 0.5cm 处，用一次性筷子固定棉芯。

完工

17

待蜡液凝固后脱模。

18

顶端留 1~1.5cm 棉芯，将其余部分剪掉即可。

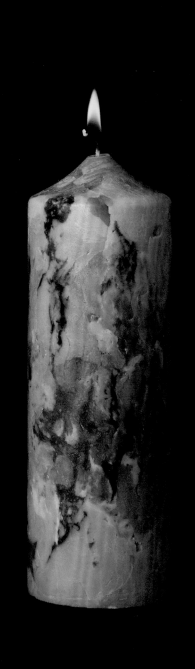

大理石蜡烛
Marble

在铅笔形模具里加入颜色与熔化
状态各不相同的蜡，可制成大理
石般的花纹。这种蜡烛的制作比
较难，不好上手，但最终成品十
分漂亮。

见第 46 页。

刮花蜡烛
Scratch

在模具内壁涂抹一层着色蜡，待
其凝固后用竹签绘制山峰和树林
的图案。再用着色蜡处理刮痕
处，便可制成宛如风景画般的刮
花蜡烛。

见第 48 页。

大理石蜡烛的制法

（第 45 页）

原材料 （1 根）	• 石蜡……450g • 微晶蜡……15g • 硬脂酸……7g • 蜡烛颜料（白色、蓝色、棕色、	黑色）……适量 • 棉芯……25cm • 食用油……适量 • 油泥……适量

制作 4 种颜色的蜡

1

在 4 个纸杯里分别加入蓝色 + 白色（水蓝色）、棕色、白色、黑色颜料。

2

熔化 150g 石蜡、15g 微晶蜡、7g 硬脂酸，按照水蓝色：棕色：白色：黑色为 2:1:1:1 的比例注入蜡液，操作温度为 100℃。

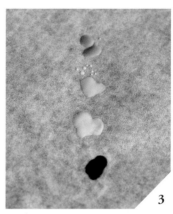

3

待颜料溶解后，分别取少量蜡滴在烘焙纸上以确认颜色。

制作大理石纹理

4

预处理模具（见第 28 页），注入少量水蓝色蜡液，操作温度为 70℃ ~80℃。

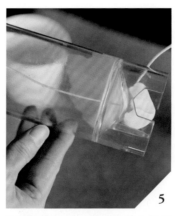

5

旋转模具使蜡在模具内壁上均匀附着。

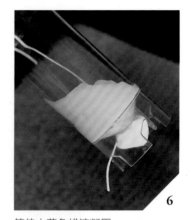

6

等待水蓝色蜡液凝固。

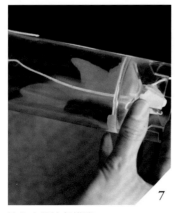

7

注入少量棕色蜡液。

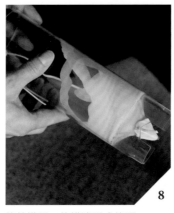

8

旋转模具，使蜡液形成纹理。

9

将多余的蜡液倒回纸杯中。

工具 ｜ • 铅笔形模具（直径为6cm，高15.5cm）
• 基础工具

贴心小提示

第2步注入蜡液时，如果温度太低，颜料将不能溶解，请将温度保持在100℃进行操作。绘制大理石纹理时，如果室温太低或者操作太慢，会导致蜡因过冷而附着在模具上，后续将不能顺利脱模。如果蜡凉了，可以在第14步用90℃的热水烫模具5秒左右。注意不要让热水进入模具。

10

在模具内壁涂满水蓝色、棕色、白色蜡液。

11

用一次性筷子在模具内壁刮出数条纵向条纹。

12

注入少量黑色蜡液，用筷子刮抹蜡液，透过条纹可见黑色纹理即可。

13

待纸杯里的黑色蜡液稍微凝固后，用一次性筷子蘸取少许抹在模具内壁。

14

用一次性筷子涂抹正在凝固的蜡，使其形成大理石纹样。注入少量水蓝色蜡液使其挂壁，厚度为0.3~0.5cm。

15

将150g颗粒状石蜡加入模具。

16

熔化150g石蜡并注入模具，操作温度为70℃~80℃。

完工

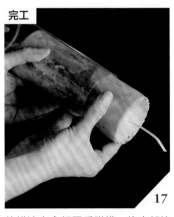

17

待蜡液完全凝固后脱模。将底部棉芯尽量剪短。

18

顶端留1~1.5cm棉芯，将其余部分剪掉即可。

47

刮花蜡烛的制法

（第45页）

原材料（1根）
- 石蜡……650g
- 微晶蜡……5g
- 硬脂酸……5g
- 蜡烛颜料（森林：白色、棕色、黑色、绿色。山：棕色、蓝色、白色、黑色）……适量
- 棉芯……20cm
- 垫片（直径为2cm，高0.3cm）……1个
- 食用油……适量
- 油泥……适量

森林图案｜在模具内壁涂蜡

1

预处理模具（见第28页），熔化100g石蜡、5g微晶蜡、5g硬脂酸，加入白色颜料并熔化，注入模具，操作温度为70℃~75℃。

2

旋转模具使蜡液在内壁上均匀附着，将多余的蜡液倒回纸杯中。重复此操作，直至蜡层厚度达到0.2~0.3cm。

绘制图案

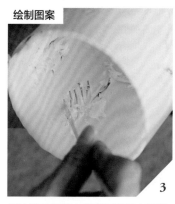

3

用竹签在模具内壁刮画出树木图案。

4

均匀画上5~6棵树。

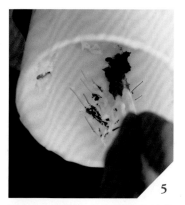

5

熔化20g石蜡，加入黑色与棕色颜料，用一次性筷子搅拌均匀后，蘸着涂抹在模具内壁树干处。

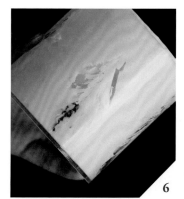

6

深棕色的树干图案完成。

7

熔化30g石蜡，加入绿色颜料，少量倒在树冠处，用一次性筷子进行微调。

8

绿色的树冠图案完成。

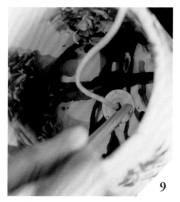

9

在模具底部滴少量蜡液，放入装好棉芯的垫片，用一次性筷子将其压在蜡液上固定。

工具　• 圆柱形模具（直径为 10cm，高 10cm）
　　　• 基础工具

贴心小提示

绘制图案时如果室温太低或者操作太慢，蜡液会因过冷而附着在模具上，后续将不能顺利脱模。如果蜡凉了，可以在第 8 步用 90℃ 的热水烫模具 5 秒左右。注意不要让热水进入模具。山峰图案的制作方法请参考森林图案。

注入蜡液

10

将 350g 颗粒状石蜡直接加入模具。熔化 150g 石蜡并注入模具，操作温度为 70℃ ~80℃。

完工

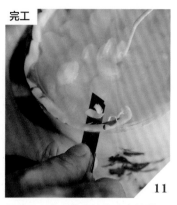

11

用美工刀裁去模具边缘多余的蜡。

12

待蜡液完全凝固后脱模，顶端留 1~1.5cm 棉芯，将其余部分剪掉即可。

山峰图案 | 在模具内壁涂蜡

13

熔化 100g 石蜡、5g 微晶蜡、5g 硬脂酸。按 2:1 的比例分装，分别加入蓝色 + 白色（水蓝色）及棕色颜料。将模具内壁下部涂上棕色蜡，上部涂上水蓝色蜡。

绘制图案

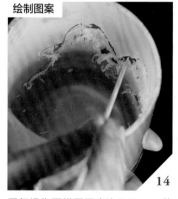

14

重复操作至蜡层厚度达 0.3cm，待其凝固后，用竹签在模具内壁刮画出山峰的图案。

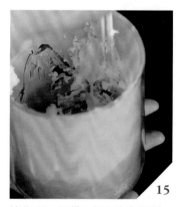

15

熔化 30g 石蜡，加入白色颜料，用一次性筷子搅拌均匀后，蘸着涂抹在模具内壁山峰处。

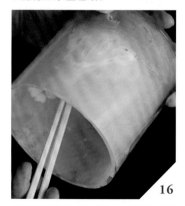

16

透过刮画的花纹，白色的蜡看起来就像雪山。

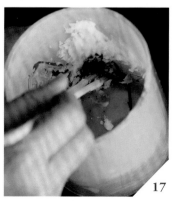

17

熔化 20g 石蜡，加入黑色颜料，用一次性筷子搅拌均匀后，蘸着涂抹在模具内壁山脚处。

完工

18

参考制作森林图案的第 9~11 步完成其余操作。待蜡烛完全凝固后脱模，顶端留 1~1.5cm 棉芯，将其余部分剪掉即可。

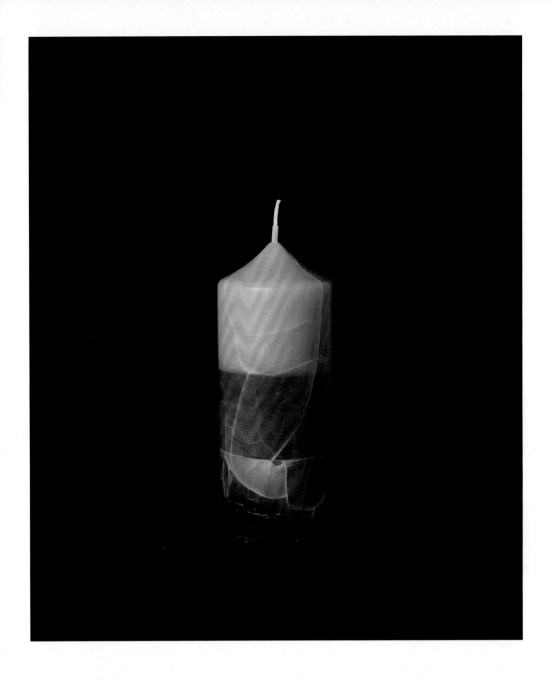

裂纹蜡烛

Crack

裂纹蜡烛表面遍布裂纹，冷冽
雅致。

见第 52 页。

镂空冰蜡烛

Ice

在加入冰块的模具里注入蜡液，
冰块熔化后便形成镂空冰蜡烛。
燃烧时烛光从镂空处透出，如
灯笼般浪漫。这种蜡烛制作方
法简单，适合初学者尝试。

见第 54 页。

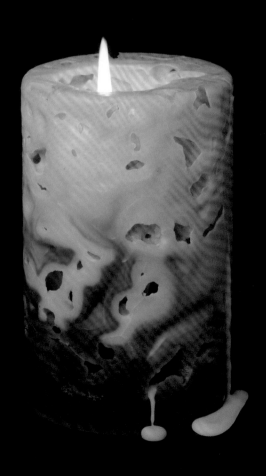

裂纹蜡烛的制法
（第 50 页）

原材料 （1 根）	• 石蜡……390g • 微晶蜡……18g • 硬脂酸……18g • 蜡烛颜料（黄色、紫色、白色、 黑色）……适量 • 棉芯……25cm • 食用油……适量 • 油泥……适量	工具	• 铅笔形模具（直径为 6cm， 高 15.5cm） • 基础工具

注入蜡液

1

预处理模具（见第 28 页），用一次性筷子固定棉芯。熔化 130g 石蜡、微晶蜡 6g、硬脂酸 6g，加入黄色颜料并熔化，注入模具，操作温度为 90℃ ~100℃ 。

2

待蜡液完全凝固后，再熔化 130g 石蜡、微晶蜡 6g、硬脂酸 6g，加入紫色及白色颜料并熔化，注入模具，操作温度为 90℃ ~100℃ 。

3

待蜡液表面凝固后，用竹签沿着模具边缘划开表层蜡。

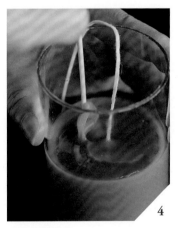

4

将表层蜡掀去。

5

将模具中未凝固的蜡液倒回烧杯。把模具放入冰箱冷冻室，充分冷冻一两天。

制造裂纹

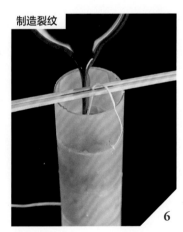

6

将模具从冰箱中取出。熔化 130g 石蜡、微晶蜡 6g、硬脂酸 6g，加入黑色颜料并熔化，温度为 120℃ 时将蜡液一口气注入模具。

贴心小提示

温差越大越容易形成裂纹，所以在第 6 步从冰箱里取出模具后应立刻注入蜡液。

7

在低温模具里快速注入高温蜡液，便会形成裂纹。

完工

8

待蜡液完全凝固后脱模。将底部棉芯尽量剪短。

9

顶端留 1~1.5cm 棉芯，将其余部分剪掉即可。

镂空冰蜡烛的制法

（第 50 页）

原材料
（1 根）

- 石蜡……330g
- 微晶蜡……30g
- 硬脂酸……10g
- 蜡烛颜料（粉色、白色、蓝色）……适量
- 棉芯……25cm
- 碎冰……适量
- 食用油……适量
- 油泥……适量

工具

- 圆柱形模具（直径为 8.2cm，高 13cm）
- 基础工具

制作蜡烛内芯

1

参照第 34 页的步骤制作一个同尺寸的内芯。

2

预处理模具（见第 28 页第 1 步），将内芯装入模具。

3

将棉芯穿过模具孔，在模具底部留出 2cm 左右的空间，最后用油泥封口。

4

熔化 230g 石蜡、20g 微晶蜡、10g 硬脂酸。按 2:1 的比例分装，较多的一份加入粉色及白色颜料，较少的一份加入蓝色颜料。

加入碎冰

5

在模具里加入碎冰，在内芯下方也垫一层碎冰。用一次性筷子固定棉芯。

6

将碎冰加至模具 2/3 高处。

贴心小提示

制作镂空冰蜡烛时，碎冰应加至希望的颜色分层处，然后将蜡液加至此处；之后再次补充碎冰，注入其他颜色蜡液。

注入蜡液

7

注入粉色蜡液，操作温度为85℃～90℃。应注意控制温度，如果温度太高，碎冰会熔化过快；若温度太低，成品会产生横纹。

8

在模具中加满碎冰。

9

注入蓝色蜡液，操作温度为85℃～90℃。

10

整理碎冰，使其全部浸入蜡液。

完工

11

待蜡完全凝固后，在盆或水池处脱模，注意蜡烛内部有水。将底部棉芯尽量剪短。

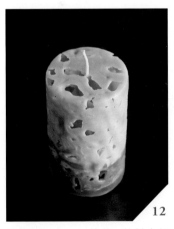

12

顶端留1~1.5cm棉芯，将其余部分剪掉即可。

3. 香甜的甜品蜡烛制作

甜点与面包形状的蜡烛足以以假乱真。这部分将介绍食物材质及奶油质感的模拟手法，最大限度地活用不同情况下蜡的特性。

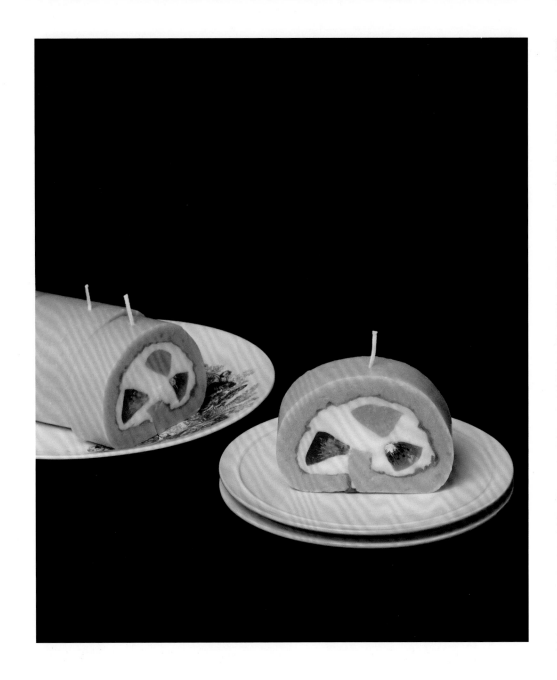

曲奇蜡烛

Cookie

通过搅拌蜡液实现饼干粗糙的
质感。曲奇蜡烛制作起来比烤
制真正的曲奇还简单。

见第 60 页。

蛋糕卷蜡烛

Roll Cake

用蜡条制作黄桃、草莓、猕猴桃，
再配合蜡的凝固时机将蜡条卷
起来，即可制成蛋糕卷蜡烛，
在其切开的断面也能看见水果。
使用亚克力用颜料画上水果图
案更能增添蜡烛的真实感。

见第 61 页。

曲奇蜡烛的制法

（第 59 页）

原材料
（6个）
- 石蜡……200g
- 微晶蜡……20g
- 蜡烛颜料（黄色、棕色、白色、粉色）……适量
- 棉芯……3cm，共6根

工具
- 曲奇模具（根据个人喜好选择）
- 基础工具

贴心小提示

也可用平时用剩的少量蜡做曲奇蜡烛。

制作底料

1

熔化 200g 石蜡、20g 微晶蜡，加入黄色、棕色、白色、粉色颜料进行搅拌（见第 21 页），然后在烘焙纸上铺成 1cm 厚的蜡片。

制作曲奇形状

2

待蜡凝固且略微湿润时，用曲奇模具压制形状。

3

用力压透蜡片，确保成形。

4

在蜡凝固前插入棉芯。

5

在蜡凝固前去掉多余部分。

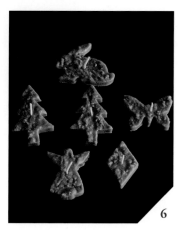

6

顶端留 1~1.5cm 棉芯，将其余部分剪掉即可。

蛋糕卷蜡烛的制法

（第 59 页）

原材料 （1个）	• 石蜡……950g • 微晶蜡……95g • 蜡烛颜料（绿色、黄色、红色、棕色、白色、粉色）……适量 • 棉芯……12cm，共 5 根 • 亚克力用颜料（白色、黑色）……适量
工具	• 基础工具

贴心小提示

第 6 步涂抹的奶油必须和蛋糕底硬度接近，否则无法卷起。若不能成卷，需重新熔化蜡并加入白色颜料重新上色。奶油的搅拌可与第 4 步同时进行。

制作水果

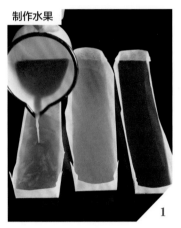

1

制作 3 个长 30cm，宽 5cm 的纸盘。熔化 100g 石蜡、10g 微晶蜡，分成 3 等份后分别加入绿色＋白色、黄色＋白色、红色＋白色颜料，并注入纸盘，操作温度为 75℃~90℃。

2

待蜡凝固，用手按不会有液态蜡冒出后，拆开纸盘，将蜡条捏成三角形。

3

3 份蜡都如此操作，用于充当蛋糕卷中的水果。

制作蛋糕底

4

制作一个边长为 25cm 的正方形纸盘。熔化 400g 石蜡、40g 微晶蜡，加入黄色、棕色、白色、粉色颜料进行搅拌（见第 21 页），然后在纸盘里铺上 1cm 厚的蜡片。

5

熔化 50g 石蜡、5g 微晶蜡，加入棕色颜料，在第 4 步制作的蛋糕底上涂抹一层，操作温度为 65℃~70℃。注意涂薄一点，以增加烘烤质感。

涂抹奶油

6

熔化 400g 石蜡、40g 微晶蜡，加入白色颜料进行搅拌。将其抹在第 5 步制作的蛋糕底上作为奶油，注意涂抹范围应比蛋糕底小一圈。

卷入水果

将第3步制作的"水果"放在"奶油"上。注意左侧距边缘3cm，"水果"之间间隔2cm。

用一次性筷子将"奶油"裹在"水果"上，这样卷起来后"奶油"与"水果"间不会有间隙。

蛋糕底两侧末端的蜡已凝固得太硬，卷不起来，用美工刀裁去不用。

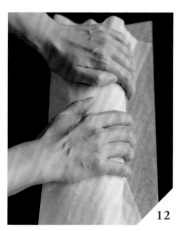

将蛋糕底用烘焙纸裹起来。

小心操作，不要让"奶油"溢出。

卷好后整理形状。

切块

13

在蜡完全凝固前切掉两侧末端。

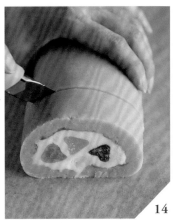

14

仿照真正的蛋糕卷，将蜡烛切成3cm宽的块，具体宽度可依个人喜好调整。

15

用竹签刺穿蜡烛，穿入棉芯，底部露出1cm左右的棉芯，将其折向一侧。

16

用竹签蘸少量蜡液涂在弯折的棉芯末端进行固定。

完工

17

用竹签蘸亚克力用颜料绘制水果图案。"猕猴桃"用黑白两色即可。

18

"草莓"用白色勾画。顶端留1~1.5cm棉芯，将其余部分剪掉即可。

马卡龙蜡烛

Macaron

用蓝色混合树脂制作马卡龙模具，多制作一些模具，便可一次制作大量马卡龙蜡烛。

见第 66 页。

甜甜圈蜡烛

Donut

将搅拌过的蜡制成甜甜圈状，蘸上焦褐色蜡；再反复蘸蜡为甜甜圈裹上"糖浆"，即可制成甜甜圈蜡烛。

见第 68 页。

马卡龙蜡烛的制法

（第64页）

原材料（2个）	工具
• 蜂蜡……50g • 马卡龙……1个 • 蓝色混合树脂基剂、触媒……各10g • 蜡烛颜料（黄色、白色）……适量 • 棉芯……5cm，共2根	• 一次性乙烯基手套 • 基础工具

制作马卡龙模具

1

在铝箔上准备蓝色混合树脂基剂、触媒各10g。将马卡龙对半分开，去掉其奶油。

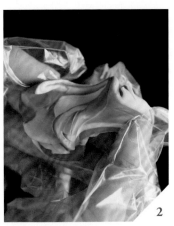

2

戴上一次性乙烯基手套，将基剂与触媒充分混合。

3

用混合胶剂裹住马卡龙外侧。

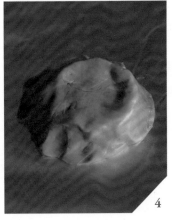

4

裹紧实，待其定型。

5

定型后取出马卡龙。

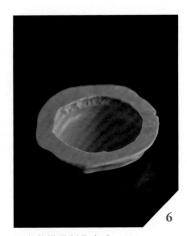

6

马卡龙模具制作完成。

贴心小提示

为了方便制模，应使用充分干燥硬化后的马卡龙。蜡烛成品尺寸约为：直径为 4cm，厚 3cm。马卡龙蜡烛也可使用石蜡制作（添加微晶蜡），但使用蜂蜡制作的马卡龙蜡烛更接近实物。

注入蜡液

7

熔化 40g 蜂蜡，加入黄色颜料，注入模具，操作温度为 80℃ ~90℃，作为马卡龙底。

8

制作两个马卡龙底。

9

熔化 10g 蜂蜡，加入白色颜料后搅拌（见第 21 页），将其涂在马卡龙底夹层中。

10

将马卡龙组合起来，压紧固定。

完工

11

用竹签刺穿蜡烛，穿入棉芯，底部露出 1cm 左右的棉芯，将其折向一侧。用竹签蘸少量蜡液涂在弯折的烛芯末端进行固定。

12

顶端留 1~1.5cm 棉芯，将其余部分剪掉即可。

甜甜圈蜡烛的制法

（第 64 页）

原材料（1个）

- 石蜡……460g
- 微晶蜡……46g
- 蜂蜡……200g
- 蜡烛颜料（黄色、棕色、白色）……适量
- 棉芯……长 10cm，共 2 根
- 烘焙用彩糖粒……适量

工具 | ·基础工具

制作基底

1

在烘焙纸上画两个直径为 9cm 与 3cm 的同心圆。熔化 160g 石蜡、16g 微晶蜡，加入黄色、棕色、白色颜料后进行搅拌（见第 21 页），然后在烘焙纸上铺成 1cm 厚的蜡环。

2

将蜡环铺至 2cm 厚。

3

待其凝固且尚有余温时，将两个蜡环压紧，组合整理成甜甜圈形状。

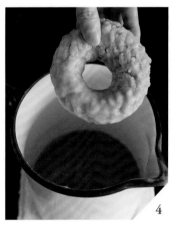

4

熔化 300g 石蜡、30g 微晶蜡，加入黄色、棕色、白色颜料。为甜甜圈蘸蜡（见第 22 页），操作温度为 80℃~85℃。

5

反复蘸蜡直至甜甜圈表面光滑。

6

用竹签刺穿蜡烛，穿入棉芯，底部露出 1cm 左右的棉芯，将其折向一侧。用竹签蘸少量蜡液涂在弯折的棉芯末端进行固定。共安装两处棉芯。

蘸蜡时需要用很多蜡，最好一次多熔些。本作品成品直径约为 9cm。糖浆色可以根据个人喜好调整。巧克力彩粒遇热会熔化，请勿使用。

将第 4 步剩下的蜡液转移到稍大的锅里，加入棕色颜料调成深褐色。待棉芯固定后，提着棉芯进行蘸蜡，操作温度为 75℃ ~80℃。

两手提着棉芯蘸蜡 2~3 次，使甜甜圈表面上色。

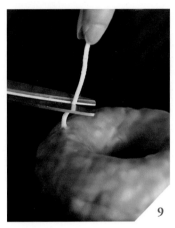

顶端留 1~1.5cm 棉芯，将其余部分剪掉。

熔化 200g 蜂蜡，加入白色颜料。为甜甜圈上半部分蘸蜡数次，操作温度为 70℃ ~80℃。

完工

趁蘸蜡未干时撒上彩糖粒。

将彩糖粒稍微压紧实即可。

蛋糕蜡烛
Whole Cake

厚重的蛋糕蜡烛用草莓做装饰，
粉状硬脂酸充当糖粉。

见第 74 页。

纸杯蛋糕蜡烛
Cupcake

纸杯蛋糕蜡烛的蛋糕底部分与
其他作品相同，将着色蜡充当奶
油对其进行裱花装饰，可通过调
整裱花方式来制作各种造型。

见第 76 页。

蛋糕蜡烛的制法
（第72页）

原材料 （1个）		
• 石蜡……770g	粉色、黄色、棕色、白色） ……	各10g
• 微晶蜡……20g	适量	• 棉芯……5cm，
• 蜂蜡……300g	• 棉芯……15cm	共2根
• 硬脂酸……50g	• 草莓……1个	• 油泥……适量
• 蜡烛颜料（红色、	• 蓝色混合树脂基剂、触媒……	• 食用油……适量

制作草莓模具

1

用混合胶剂（见第66页）包裹住草莓，待其定型后用美工刀剖开。

2

从模具中取出草莓。

3

将模具重新组合在一起，用油泥封住缝隙，防止蜡液漏出。

4

熔化100g蜂蜡，加入红色及粉色颜料，注入模具，操作温度为80℃~90℃。

5

待蜡凝固后脱模，即可制成草莓装饰。共制作7~8个。

制作海绵蛋糕底

6

熔化200g石蜡、20g微晶蜡，加入黄色、棕色、白色颜料后进行搅拌（见第21页）。在蛋糕模内壁涂一层食用油，将蜡液倒入。

7

将蜡在蛋糕模底及侧壁抹匀。

8

将340g颗粒状石蜡直接加入模具。熔化230g石蜡注入模具，操作温度为70℃~80℃。

9

在蜡完全凝固前用竹签穿孔，以便添加棉芯。

工具
- 活底蛋糕模（直径为 15cm）
- 裱花袋
- 圆形裱花嘴（直径为 10mm）
- 研磨板
- 基础工具
- 一次性乙烯基手套

贴心小提示

本作品的装饰物可以直接用市面有售的模具，如草莓形 、树莓形等。此处使用了圆形裱花嘴，也可使用星形裱花嘴。本作品成品尺寸约为：直径为 15cm，高 7cm。

10

脱模。

11

穿入棉芯，底部露出 1cm 左右的棉芯，将其折向一侧。用竹签蘸少量蜡液涂在弯折的棉芯末端进行固定。

涂抹奶油

12

熔化 100g 蜂蜡，加入白色颜料，搅拌成奶油状后涂抹在蛋糕底上。

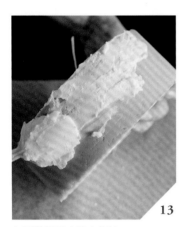

13

在蛋糕侧面也抹上奶油。

裱花

14

熔化 100g 蜂蜡，加入白色颜料，搅拌成奶油状后装入有裱花嘴的裱花袋，给蛋糕裱花。

15

熔化剩余的蜂蜡，少量涂抹在预备放草莓的位置。

完工

16

放置第 5 步制作的草莓。

17

熔化 50g 硬脂酸，注入纸杯，待其凝固。用研磨板将其擦成粉末撒在蛋糕上，作为装饰糖粉。

18

顶端留 1~1.5cm 棉芯，将其余部分剪掉即可。

纸杯蛋糕蜡烛的制法

（第 72 页）

原材料（1个）
- 石蜡……100g
- 蜂蜡……100g
- 蜡烛颜料（黄色、棕色、白色、粉色）……适量
- 棉芯……10cm
- 垫片（直径为2cm，高0.3cm）……1个

工具
- 纸杯蛋糕模具（直径为7cm）
- 裱花袋
- 星形裱花嘴（依个人喜好选择）
- 基础工具

制作蛋糕底

1

2

3

熔化 100g 石蜡，加入黄色、棕色、白色颜料后进行搅拌（见第21页）。在纸杯模具底部滴少量蜡液，以固定装好棉芯的垫片。最后倒入搅拌过的蜡。

将蜡加至模具边缘，待凝固后脱模。

熔化 100g 蜂蜡，加入粉色及白色颜料，搅拌成奶油状后装入有裱花嘴的裱花袋，给第 2 步制作的蛋糕底裱花。

4

5

完工

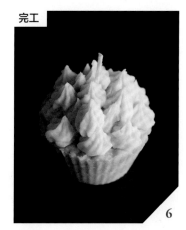

6

将"奶油"铺满蛋糕表面。

铺第二层"奶油"。

顶端留 1~1.5cm 棉芯，将其余部分剪掉即可。

本作品使用浅粉色上色（第 73 页图中），改换不同颜色的颜料即可改变蛋糕颜色。星形裱花嘴根据开口形状不同，裱花的效果也大不相同（见下图）。读者可以参考第 73 页图片，尝试一字形、螺旋形等多种裱花手法，也可使用银珠糖做装饰。本作品成品尺寸约为：直径为 7cm，高 7~8cm。

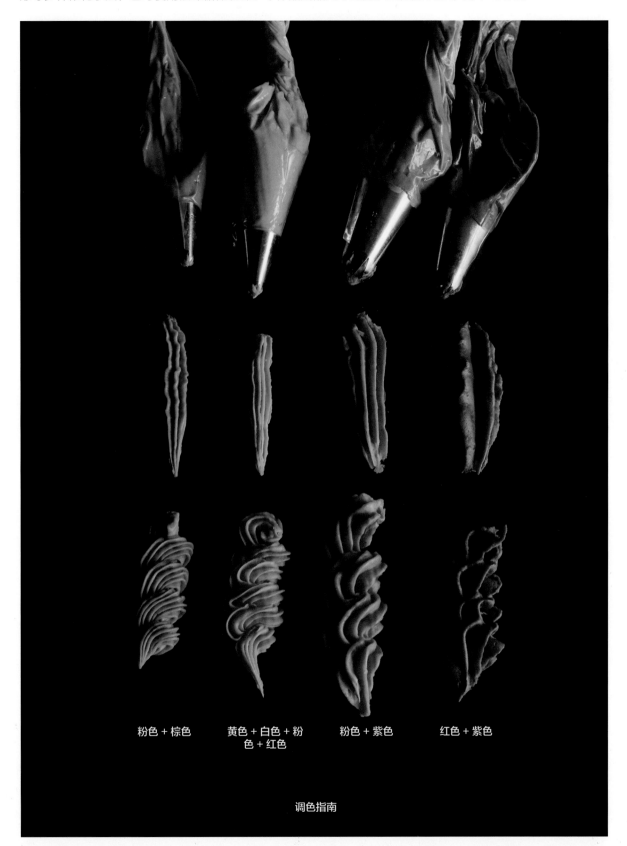

粉色 + 棕色　　　黄色 + 白色 + 粉色 + 红色　　　粉色 + 紫色　　　红色 + 紫色

调色指南

奶油泡芙塔蜡烛

Cream Puff Tower

用蜡制的奶油粘贴蜡制的泡芙
时操作难度很大，但制作完成
后的成就感也很强。

见第 80 页。

天鹅泡芙蜡烛

Swan Cream Puff

用搅拌过的蜡模拟烘焙上色后
的泡芙皮质感。天鹅颈很细，
操作时需小心。最后研磨硬脂
酸粉作为装饰糖粉。

见第 82 页。

奶油泡芙塔蜡烛的制法
（第79页）

原材料
（1根）

- 石蜡……850g
- 微晶蜡……40g
- 蜂蜡……350g
- 蜡烛颜料（黄色、棕色、白色、粉色）……适量
- 棉芯……50cm
- 食用油……适量
- 油泥……适量

制作泡芙

1

制作一个边长为25cm的正方形纸盘（见第20页）。熔化200g石蜡、20g微晶蜡，加入黄色及棕色颜料后注入纸盘。待其凝固后，切成边长为5cm的正方形蜡片。

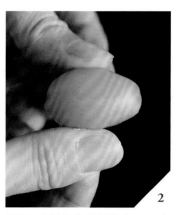

2

将第1步制作的蜡片搓成3cm左右的鸡蛋形，作为泡芙内芯。共制作25个。

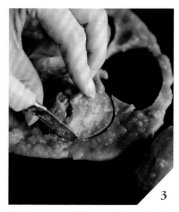

3

熔化200g石蜡、20g微晶蜡，加入黄色、棕色、白色、粉色颜料后进行搅拌（见第21页），摊平盖在泡芙内芯上，待其凝固后切开。

4

熔化100g蜂蜡，加入黄色、棕色、白色、粉色颜料。为第3步制作的成品上半部分蘸蜡（见第22页），操作温度为70℃~80℃，即可制成奶油泡芙。

制作底座

5

将300g颗粒状石蜡分装在纸杯及预处理好的模具中（第28页）。熔化150g石蜡注入纸杯及模具，操作温度为70℃~80℃。

6

在纸杯中的蜡完全凝固前用竹签穿孔，以便添加棉芯。蜡凝固后撕去纸杯。

7

将模具中的蜡烛脱模，用棉芯组合两截蜡烛。

8

将第4步剩下的蜡熔化并搅拌，涂抹在两截蜡烛中间。

9

压紧使它们紧密粘贴，底座即完工。底部露出1cm左右的棉芯，将其折向一侧。用竹签蘸少量蜡液涂在弯折的棉芯末端进行固定。

工具
- 圆锥形模具（直径为 6.5cm，高 14cm）
- 纸杯
- 裱花袋
- 星形裱花嘴（依个人喜好选择）
- 基础工具

贴心小提示
第 1 步应趁蜡尚软时尽早切割。第 3 步搅拌过的蜡用作泡芙皮，待其表面正凝固时包裹泡芙内芯，其表面便会产生裂纹，更接近实物泡芙烘烤膨胀出的裂纹。本作品成品高度约为 25cm。

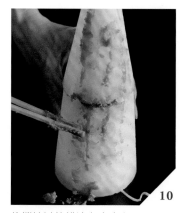

10

将搅拌过的蜡涂在底座上。

11

整体涂薄薄一层。

粘贴泡芙

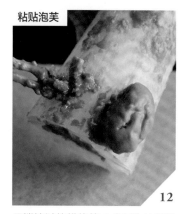

12

用搅拌过的蜡将第 4 步制作的泡芙粘在底座上。第 1 层粘 7 个左右。

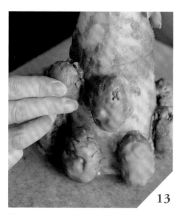

13

第 2 层粘 6 个，第 3 层粘 5 个，第 4 层粘 4 个。

裱花

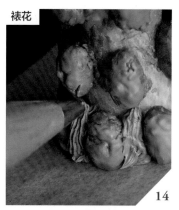

14

在第 4 步剩余的蜡里加入 250g 蜂蜡并熔化，加入黄色、棕色、白色、粉色颜料后装入有裱花嘴的裱花袋，开始裱花。

15

在泡芙间隙裱花，使它们彼此相连。

16

第 5 层粘 3 个泡芙，用裱花完全填补泡芙间的缝隙。

17

用裱花固定泡芙，注意整体的平衡关系。

18

顶端留 1~1.5cm 棉芯，将其余部分剪掉即可。

天鹅泡芙蜡烛的制法

(第 79 页)

原材料
（2 个）
- 石蜡……160g
- 微晶蜡……16g
- 蜂蜡……70g
- 硬脂酸……50g
- 蜡烛颜料（黄色、棕色、白色、粉色）……适量
- 棉芯……10cm，共 2 根

制作泡芙

1

制作一个边长为 10cm 的正方形纸盘（见第 20 页）。熔化 60g 石蜡、6g 微晶蜡，加入黄色及棕色颜料后注入纸盘，操作温度为 75℃~90℃。待其凝固后对半切开，将它们搓圆。

2

将其搓成 6cm 左右的鸡蛋形，作为泡芙内芯。共制作两个。

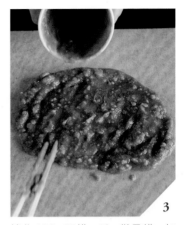

3

熔化 100g 石蜡、10g 微晶蜡，加入黄色、棕色、白色、粉色颜料后进行搅拌（见第 21 页），将其在烘焙纸上摊平。

4

待其开始凝固时，将第 2 步制作的内芯塞在下面。

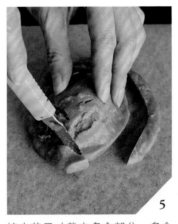

5

按内芯尺寸裁去多余部分。多余部分后续将用于制作天鹅颈，请勿丢弃。

6

裹住内芯，制作天鹅身体。

7

将天鹅身体横向剖成两半。

8

将上半部分一分为二，作为天鹅翅膀。

9

用竹签刺穿下半部分，穿入棉芯，底部露出 1cm 左右的棉芯，将其折向一侧。用竹签蘸少量蜡液涂在弯折的棉芯末端进行固定。

工具 • 裱花袋
　　 • 星形裱花嘴
　　 • 研磨板
　　 • 基础工具

贴心小提示

读者可同时制作两个天鹅泡芙蜡烛。本作品成品尺寸约为：全长 8cm，高 10cm。

制作天鹅颈

10

使用第 5 步剩余的边角料制作天鹅颈。

11

弯折末端，做出鸟喙形。

12

按上图中的形状弯折出天鹅颈。

裱花

13

熔化 70g 蜂蜡，加入白色颜料，搅拌成奶油状后装入有裱花嘴的裱花袋，在天鹅下半部分身体上裱花。

14

组装第 12 步制作的天鹅颈。

15

组装天鹅翅膀。

16

在翅膀间裱花。

完工

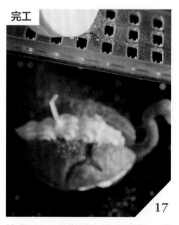

17

熔化 50g 硬脂酸，注入纸杯，待其凝固。用研磨板将其擦成粉末撒在泡芙上，作为装饰糖粉。

18

顶端留 1~1.5cm 棉芯，将其余部分剪掉即可。

冰激凌蜡烛

Ice Cream

冰激凌蜡烛用冰激凌勺挖取尚
未凝固的蜡制成，足以以假乱
真。其中可混入棕色及白色的
蜡，模拟巧克力香草风味冰激
凌。点燃后蜡逐渐熔化，便更
加逼真了。

见第 86 页。

冰激凌苏打水蜡烛

Cream Soda

用果冻蜡制作苏打水，通过在其
中制造气泡来模拟碳酸饮料的质
感，再在顶部放置冰激凌，便可
制成冰激凌苏打水蜡烛。冰激凌
上的樱桃通过蘸蜡处理显得鲜艳
动人，樱桃梗则需在蘸蜡后用亚
克力颜料进一步描绘。

见第 88 页。

冰激凌蜡烛的制法
（第85页）

原材料
（3份）
- 蜂蜡……120g
- 豆蜡……120g
- 蜡烛颜料（粉色、棕色、白色）……适量
- 棉芯……20cm
- 垫片（直径为2cm，高0.3cm）……1个

制作单色冰激凌球

熔化40g蜂蜡、40g豆蜡，加入粉色及白色颜料，注入纸杯。待蜡凝固，用手按不会有液态蜡冒出后，用冰激凌勺挖取蜡。

慢慢挖，挖半勺即可。

用塑料勺背将蜡在冰激凌勺里涂抹均匀并压实。

将蜡均匀涂在冰激凌勺底，再挖少许蜡，如此反复。

加至蜡冒出冰激凌勺，用塑料勺抹平。

用塑料勺背抵住蜡，用力压至蜡从四周略微挤出来，使冰激凌球更逼真。

将冰激凌球扣在烘焙纸上，草莓冰激凌球制作完成。用相同方法制作白色（香草味）及棕色（巧克力味）冰激凌球。

制作混色冰激凌球

将要使用的各色蜡在烘焙纸上粗略混合。

重复第2~4步操作。

贴心小提示

应尽快操作，蜡一旦凝固将难以操作。原料中豆蜡越多，蜡越不容易凝固；如果豆蜡过多，蜡容易黏着在冰激凌勺上。冰激凌的颜色可根据个人喜好调整。本作品成品尺寸约为：每个球直径为5cm。

10

加至蜡冒出冰激凌勺。

11

将冰激凌球扣在烘焙纸上，混色冰激凌球制作完成。

12

完成4种冰激凌球。

完工

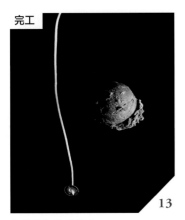

13

将棉芯与垫片组合。

14

用竹签在最底部的冰激凌球适当位置开孔，穿上棉芯。

15

放进玻璃杯内。

16

依次给其他冰激凌球开孔、穿芯并叠放。

17

顶端留1~1.5cm棉芯，将其余部分剪掉即可。

冰激凌苏打水蜡烛的制法
（第85页）

原材料
- 果冻蜡（熔点为72℃）……300g
- 石蜡……80g
- 微晶蜡……8g
- 蜂蜡……40g
- 豆蜡……40g
- 蜡烛颜料（绿色、粉色、红色、棕色、白色）……适量
- 棉芯……20cm

固定棉芯

在耐热高脚玻璃杯底部滴少量蜡液，放入装好棉芯的垫片，用一次性筷子夹住棉芯进行固定。

制作苏打水

熔化200g果冻蜡，加入绿色颜料，注入玻璃杯，操作温度为100℃。

用竹签缓慢搅拌，使蜡中带有气泡，呈现出苏打水的质感。

制作樱桃

熔化30g石蜡、3g微晶蜡，加入粉色颜料，将其用塑料勺铺在烘焙纸上，待其凝固后搓圆。

将其搓成直径为2cm的球。

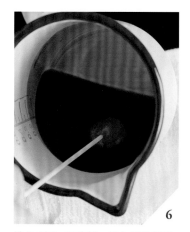

熔化100g果冻蜡，加入红色颜料。用竹签插着第5步搓的球蘸蜡（见第22页）。操作温度为100℃。

蜡球的颜色因蘸蜡而变得鲜艳。如此樱桃果子就制作完成了。

熔化50g石蜡、5g微晶蜡，加入棕色颜料，温度为70℃~80℃时注入纸杯。用手捏住铝丝一端。

将铝丝反复蘸蜡，使蜡附着在其上。

- 垫片（直径为2cm，高0.3cm）……1个
- 铝丝（直径为1mm）……7cm
- 亚克力用颜料（黑色）

工具
- 耐热高脚玻璃杯
- 画笔
- 冰激凌勺
- 基础工具

贴心小提示

如果使用高熔点果冻蜡，熔化时温度太高可能导致玻璃杯底炸裂，故本作品使用熔点为72℃的果冻蜡。

10

将铝丝尖端多次蘸蜡，使其变粗且形似樱桃梗。手指捏住的部分不必蘸蜡。

11

用画笔蘸亚克力用颜料给樱桃梗上色，使其更逼真。

12

将樱桃梗没蘸蜡的一端插进第7步制作的樱桃果子中。

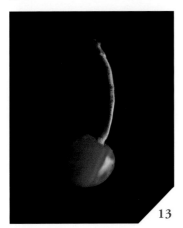

13

樱桃制作完成。

完工

14

使用40g蜂蜡、40g豆蜡制作一个白色冰激凌球（见第86页）。用竹签穿孔，再穿上棉芯。

15

放好樱桃。冰激凌球顶端留1~1.5cm棉芯，将其余部分剪掉即可。

汉堡包蜡烛

Hamburger

"芝士"柔滑、"生菜"鲜亮、"肉饼"焦黄、"面包"色泽恰到好处，整个蜡烛被误认成真正的汉堡也毫不奇怪。"生菜"的制作将考验操作者对操作时机的把握程度。

见第 92 页。

三明治蜡烛

Sandwich

三明治蜡烛中夹有"火腿""鸡蛋""生菜"。通过直接用手撕扯蜡片可实现吐司片的真实质感。

见第 95 页。

汉堡包蜡烛的制法
（第 90 页）

原材料（1个）
- 石蜡……660g
- 微晶蜡……66g
- 蜡烛颜料（黄色、棕色、粉色、黑色、红色、绿色、白色）……适量
- 棉芯……20cm

工具
- 碗
- 厨房纸巾
- 基础工具

制作汉堡面包

1

制作一个边长为 25cm 的正方形纸盘（见第 20 页）。熔化 160g 石蜡、16g 微晶蜡，加入黄色、棕色、白色颜料后注入纸盘，操作温度为 75℃~90℃。待其稍微凝固后趁热搓圆。

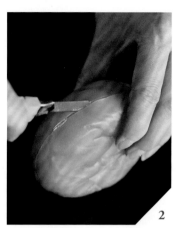

2

将其搓成直径为 10cm 左右的饼状，用美工刀一分为二。

3

切成两半的效果如上图所示。

4

熔化 300g 石蜡、30g 微晶蜡，加入黄色、棕色、粉色颜料。将两片"面包"合在一起蘸蜡（见第 22 页），操作温度为 75℃~80℃。

5

趁热用竹签刺穿"面包"。

6

为下半部分穿入棉芯，底部露出 1cm 左右的棉芯，将其折向一侧。用竹签蘸少量蜡液涂在弯折的棉芯末端进行固定。

贴心小提示

第 1 步应待蜡凝固，弯折也不会渗出液态蜡后再搓圆。第 10 步制作生菜叶时，水温太高或太低都会影响成品效果，需严格控制水温。本作品成品尺寸约为：直径为 10cm，高 8cm。

制作肉饼

7

熔化 100g 石蜡、10g 微晶蜡，加入黑色、红色、棕色颜料。温度为 90℃ 时将其缓缓倒在烘焙纸上并搅拌（见第 21 页）。

8

一边搅拌一边为蜡液整形，将其做成直径为 10cm、厚 2cm 的圆饼，作为"肉饼"。

9

在"肉饼"凝固且尚温时用竹签为其开孔。

制作生菜叶

10

熔化 60g 石蜡、6g 微晶蜡，加入黄色、绿色、白色颜料。在碗中加入 20℃ ~25℃ 的水，在蜡液温度为 80℃ ~90℃ 时将蜡液缓慢倒进水中。

11

待蜡凝固，用手抓住蜡，一边晃动一边从水中捞起蜡。晃动可以使"生菜叶"具有叶脉。

12

将"生菜叶"捞出放在厨房纸巾上，吸干其水分。

13

趁"生菜叶"尚软时将其撕碎并放在第6步制作的"面包"下半部分上。

14

将第9步制作的"肉饼"穿过棉芯，叠放在"生菜叶"上。

制作芝士片

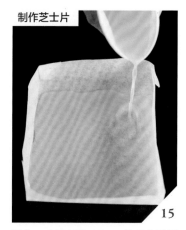

15

制作一个边长为15cm的正方形纸盘。熔化40g石蜡、4g微晶蜡，加入黄色及白色颜料后注入纸盘，操作温度为75℃~90℃，作为芝士片。

16

将"芝士片"穿过棉芯，叠放在"汉堡"上。用剪刀按"汉堡"尺寸调整"芝士片"大小。

完工

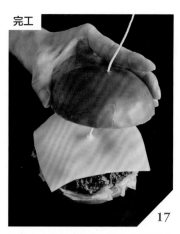

17

将第6步制作的"面包"上半部分穿过棉芯，叠放组合成"汉堡"。

18

顶端留1~1.5cm棉芯，将其余部分剪掉即可。

三明治蜡烛的制法

（第 90 页）

原材料（4个）
- 石蜡……400g
- 微晶蜡……40g
- 蜡烛颜料（白色、粉色、绿色、黄色）……适量
- 棉芯……10cm，共 4 根

工具
- 碗
- 厨房纸巾
- 基础工具

制作面包

1

制作一个边长为 15cm 的正方形纸盘（见第 20 页）。熔化 200g 石蜡、20g 微晶蜡，加入白色颜料，搅拌（见第 21 页）后注入纸盘。

2

待蜡表面凝固、内部尚为液态时去掉纸盘，用竹签在蜡片侧面正中间划出一圈裂口。

3

将蜡片撕成两片，作为"吐司"片。小心操作，否则会将蜡片撕破。

4

将两片"吐司"片撕口面朝上，用美工刀将其分成 4 等份。

5

制作一个边长为 15cm 的正方形纸盘。熔化 40g 石蜡、4g 微晶蜡，加入粉色及白色颜料后注入纸盘，操作温度为 75℃~90℃，作为"火腿"。

6

拆开纸盘，将"火腿"分成 4 等份。

制作生菜叶

7

用 60g 石蜡、6g 微晶蜡及黄色、绿色、白色颜料制作"生菜叶"（见第 93 页），再叠放在"吐司"片上。

完工

8

将第 6 步制作的"火腿"叠放在"吐司"片上。

9

叠放另一片"吐司"片。

10

将"三明治"捏实。

11

用竹签刺穿蜡烛，穿入棉芯，底部露出 1cm 左右的棉芯，将其折向一侧。用竹签蘸少量蜡液涂在弯折的棉芯末端进行固定。

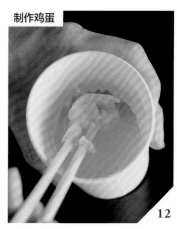

制作鸡蛋

12

熔化 100g 石蜡、10g 微晶蜡，加入黄色及白色颜料后注入纸杯并进行搅拌，作为"鸡蛋"。

贴心小提示

面包变硬后将难以穿孔，应尽快操作。本例提供的原材料共可制作两个火腿生菜三明治蜡烛、两个鸡蛋三明治蜡烛。读者也可以用红色颜料给果冻蜡上色，用以制作果酱三明治蜡烛。本作品成品边长为 7~8cm 的正方形。

将"鸡蛋"放在"吐司"片上。

13

叠放另一片"吐司"片。

14

15

用竹签刺穿蜡烛，穿入棉芯，底部露出 1cm 左右的棉芯，将其折向一侧。用竹签蘸少量蜡液涂在弯折的棉芯末端进行固定。

16

顶端留 1~1.5cm 棉芯，将其余部分剪掉即可。

牛角包蜡烛

Croissant

制作出牛角包后蘸蜡上色便可得到牛角包蜡烛。在面包表面贴上薄蜡片，可模拟酥脆的外皮。

见第 100 页。

日式菠萝包蜡烛

Melon Pan

表面的粗糙感是日式菠萝包的灵魂所在，其制作手法与三明治吐司相同。在日式菠萝包表面划出花纹，用棕色上色，便有了类似实物的炙烤色。

见第 102 页。

牛角包蜡烛的制法
（第99页）

原材料
（1个）
- 石蜡……350g
- 微晶蜡……35g
- 蜡烛颜料（黄色、棕色、白色、粉色）……适量
- 棉芯……10cm

工具 | ·基础工具

制作内芯

1

制作一个边长为15cm的正方形纸盘（见第20页）。熔化50g石蜡、5g微晶蜡，加入黄色、棕色、白色颜料后注入纸盘，操作温度为75℃～90℃。待其稍微凝固后趁热搓圆。

2

将其搓成长10cm左右的椭圆形。

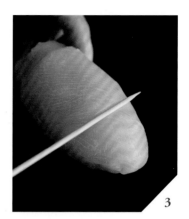

3

用竹签在其两端各压出3个凹痕，间隔1cm。

4

用手压出层次。

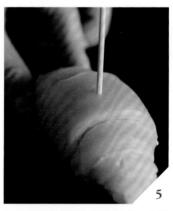

5

用竹签刺穿蜡烛，穿入棉芯，底部露出1cm左右的棉芯，将其折向一侧。用竹签蘸少量蜡液涂在弯折的棉芯末端进行固定。内芯制作完成。

6

熔化300g石蜡、30g微晶蜡，加入黄色、棕色、粉色颜料，为内芯蘸蜡（见第22页），操作温度为75℃～80℃。

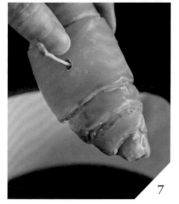

7

为内芯两端蘸蜡直至其呈炙烤色。

制作表面脆皮

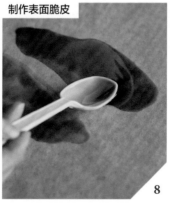

8

将第6步调制的蘸蜡在烘焙纸上铺成薄膜，操作温度为80℃～90℃。

9

待蜡凝固且尚软时用手撕碎，用以制作"脆皮"。

贴心小提示

第 1 步应待蜡凝固，弯折也不会渗出液态蜡后再搓圆。本作品成品全长约为 10cm。

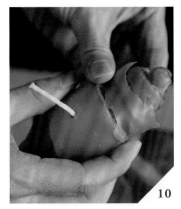

10

将"脆皮"贴在内芯上。

11

用塑料勺将剩余的蜡液抹在蜡烛上，以固定脆皮。

12

用勺背抹蜡可以使"脆皮"酥脆感更强。

13

取一大块"脆皮"，穿过棉芯，盖在内芯中间。

14

用"脆皮"卷住内芯，用塑料勺取蜡液将二者贴合。

15

用勺背抹蜡，增强外皮的酥脆感。

完工

16

为蜡烛整形。

17

顶端留 1~1.5cm 棉芯，将其余部分剪掉即可。

日式菠萝包蜡烛的制法
（第99页）

原材料
（2个）
- 石蜡……900g
- 微晶蜡……90g
- 蜡烛颜料（黄色、棕色、白色、粉色）……适量
- 棉芯……10cm，共2根

制作内芯

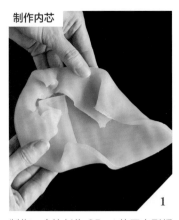

1

2

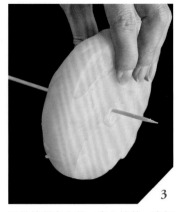

3

制作一个边长为25cm的正方形纸盘（见第20页）。熔化200g石蜡、20g微晶蜡，加入黄色、棕色、白色颜料后注入纸盘，操作温度为75℃~90℃。待其稍微凝固后趁热搓圆。

将其搓成直径为15cm左右的饼状。重复第1步，共制作两个内芯。

用竹签刺穿内芯，穿入棉芯，底部露出1cm左右的棉芯，将其折向一侧。用竹签蘸少量蜡液涂在弯折的棉芯末端进行固定。

4

制作蜜瓜包外皮

5

6

熔化300g石蜡、30g微晶蜡，加入黄色、棕色、粉色颜料，为内芯蘸蜡（见第22页），操作温度为75℃~80℃。

制作一个边长为15cm的正方形纸盘。熔化200g石蜡、20g微晶蜡，加入黄色、棕色、白色颜料，搅拌（见第21页）后注入纸盘。

待蜡表面凝固、内部尚为液态时去掉纸盘，用竹签在蜡片侧面正中间划出一圈裂口。

7

8

9

将蜡片撕成两片，作为日式菠萝包外皮。小心操作，否则容易撕破。

将外皮粗糙面朝上，从正中穿入棉芯。

将外皮叠在内芯上。

贴心小提示

第1步应待蜡凝固，弯折也不会渗出液态蜡后再搓圆。本作品成品直径约为15cm。

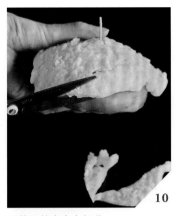

10

用剪刀剪去多余部分。

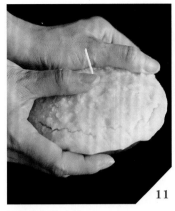

11

用外皮包住内芯。

完工

12

用竹签在表面压出网纹。

13

用竹签蘸取剩余的蘸蜡抹在网纹里。

14

顶端留1~1.5cm棉芯，将其余部分剪掉即可。

4. 唯美的鲜花蜡烛制作

这部分主要介绍制作一片片美丽的花瓣并组装成花朵，利用裱花手法塑形等制作花朵蜡烛的技巧。

蜂蜡制成的薄膜不易折断，适合做仿真花蜡烛。

玫瑰蜡烛

Rose

用塑料勺取少量蜂蜡涂在烘焙
纸上，逐片制作花瓣，然后仔
细而迅速地将它们卷成玫瑰花
形。花瓣越多，花朵越大。

见第 108 页。

浪漫宝贝蜡烛

Baby Romantica

浪漫宝贝是一种有 40~60 片花
瓣的半开月季花，呈渐变色，
非常好看。本作品将还原可与
实物相媲美的花朵效果。

见第 110 页。

玫瑰蜡烛的制法

（第106页）

原材料
（1个）

- 蜂蜡……100g
- 蜡烛颜料（粉色、白色）……适量
- 棉芯……10cm

工具 │ • 基础工具

制作内芯

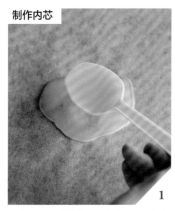

1

2

3

熔化100g蜂蜡，加入粉色及白色颜料。温度为80℃~85℃时取两小勺蜡液，在烘焙纸上铺成直径为5cm左右的圆形蜡片。

待白色稍微褪去、蜡尚未完全变硬前，将其裹成水滴形。用竹签为其穿孔，穿入棉芯。

底部露出0.5cm的棉芯，将其折向一侧并压紧固定。

制作花瓣

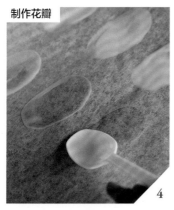

4

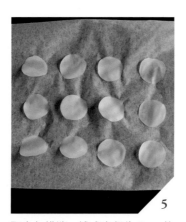

5

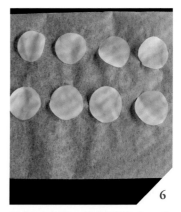

6

取半勺蜡液，铺成长7cm，宽4cm的椭圆形蜡片，作为花瓣。共制作12片。

取半勺蜡液，铺成直径为5cm的圆形蜡片。共制作12片。

取2/3勺蜡液，铺成直径为6cm的圆形蜡片。共制作8片。

将花瓣卷在内芯上

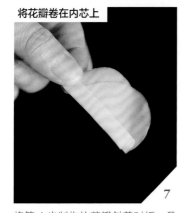

7

8

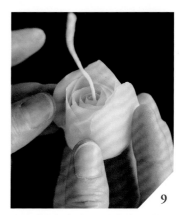

9

将第4步制作的花瓣斜着对折，叠成两座山的形状，然后将折痕处再向上折0.5cm，如上图所示。12片都如此操作。

将第7步制作的花瓣卷在第3步制作的内芯距底部0.5cm的地方，用手指轻按压实。

将花瓣卷在内芯上，使整体呈球状。后贴的花瓣均比先贴的高一点，如此将全部12片贴上。

本例介绍了中号蜡烛（第106页图左，直径为8cm，高4cm）的制作方法。小号蜡烛（第106页图中，直径为5cm，高4cm）需在中号蜡烛的基础上将第4步的花瓣减至3片，第5步的花瓣减至5片，共计8片；大号蜡烛（第106页图右，直径为10cm，高4cm）需在中号蜡烛的基础上将第6步的花瓣增至12片。蜂蜡液操作温度为80℃~85℃。制作时如果花瓣冷却变硬，可以用手掌捂热，方便操作。

10

将花底部蘸蜡（见第22页），以固定整体花瓣。

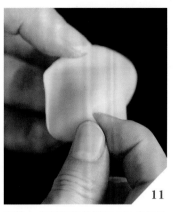

11

在第5步制作的花瓣的1/2半径处捏出两个褶。

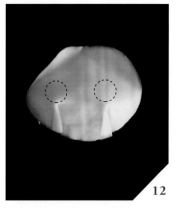

12

将褶上的尖端（如上图画圈处所示）用指腹压圆滑。12片蜡片全部依此操作，第6步制作的8片蜡片也如此处理。

13

将花瓣卷曲的一端高度对齐，如果花瓣脱落，就蘸蜡固定。

14

操作第6步制作的最后5片花瓣时，先蘸蜡，将花放在烘焙纸上，再将花瓣呈张开状贴上。

完工

15

取1/3勺蜡，铺成直径为4cm的圆形蜡片。待其稍微凝固后，将边缘折起，做成碗形的花座，然后在花座中加1/3勺蜡液。

16

在蜡液凝固前，将花座放在上面。因为花瓣呈张开状，蘸蜡比较麻烦，所以用这个方法固定。

17

用手指扶住花瓣边缘，将纸杯折成细口，向花瓣间隙里注入少许蜡液，这样便可固定花瓣。

18

顶端留1~1.5cm棉芯，将其余部分剪掉即可。

浪漫宝贝蜡烛的制法

（第 106 页）

原材料
（1个）
- 蜂蜡……100g
- 蜡烛颜料（黄色、粉色）……适量
- 棉芯……10cm

工具 | •基础工具

制作花瓣

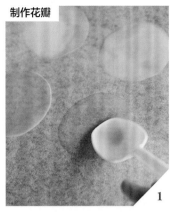

1

熔化 50g 蜂蜡，加入黄色及粉色颜料。取半勺蜡液，铺成直径为 5cm 的圆形蜡片，作为花瓣。共制作 25 片（以下称 a）。

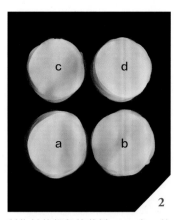

2

制作其他颜色的花瓣。b：在 a 的蜡液里再加少量粉色颜料，制作 6 片。c：熔化 50g 蜂蜡，加入粉色颜料，制作 10 片。d：在 c 的蜡液中加少量黄色颜料，制作 8 片。

组装内芯

3

取 6 片 a 花瓣，一起对折。

4

对折，将 a 花瓣折成 1/4 圆。依此方法制作 4 组。

5

将 4 组 a 花瓣如上图所示放在桌上，用手压紧。

6

将底部蘸蜡（见第 22 页），以固定花瓣。内芯制作完成。

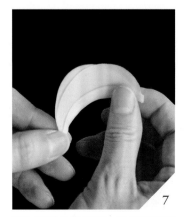

7

将 b 花瓣斜着对折，叠成两座山的形状，然后将折痕处再向上折 0.5cm，如上图所示。6 片都如此操作。

将花瓣卷在内芯上

8

将第 6 步制作的花瓣卷在第 7 步制作的内芯距底部 0.5cm 的地方，用手指轻按压实。

9

将 6 片花瓣都均匀卷在内芯上，使整体呈球形。为底部蘸蜡，以固定花瓣。

蜂蜡的蜡液操作温度为 80℃~85℃。制作时如果花瓣冷却变硬，可以用手掌捂热，方便操作。本作品成品尺寸约为：直径为 7cm，高 4cm。

10

蘸蜡凝固后，在底部用剪刀剪出棱角。

11

按上图所示的形状修剪。

12

用竹签将内芯中的花瓣彼此分离开。

13

在 d 花瓣的 1/2 半径处捏出两个褶，将褶上的尖端用指腹压圆滑（见第109 页第 11、12 步）。8 片全部依此操作。

14

将第 13 步制作的花瓣卷在花上。如果花瓣脱落，就蘸蜡固定。

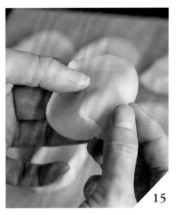

15

在 c 花瓣的 1/2 半径处捏出两个褶，将褶上的尖端用指腹压圆滑。10 片全部依此操作。

16

将第 15 步制作的花瓣卷在花上，最后 2、3 片花瓣呈张开状贴合。如果花瓣脱落，就蘸蜡固定。

完工

17

取 1/3 勺蜡，铺成直径为 4cm 的圆形蜡片。待其稍微凝固后，将边缘折起，做成碗形的底座，然后在底座中加 1/3 勺蜡液。在蜡液凝固前，将花座放在上面。

18

用竹签开孔，穿入棉芯。底部露出1cm 的棉芯，将其折向一侧，蘸蜡固定。顶端留 1~1.5cm 棉芯，将其余部分剪掉即可。

渐变花毛莨蜡烛

Ranunculus

制作含苞待放及盛开状态的花
毛莨蜡烛时，将花瓣制作成渐
变色，一边卷花瓣一边整理花
朵形状。

见第 114 页。

芍药蜡烛

Peony

制作芍药蜡烛成品需要近百片花
瓣，虽然颇为费神，但想到成品
如此美丽，便也感觉值得了。

见第 116 页。

渐变花毛茛蜡烛的制法
（第 113 页）

原材料（1个）
- 蜂蜡……80g
- 蜡烛颜料（绿色、紫色、红色）……适量
- 棉芯……10cm

工具 ｜ •基础工具

制作内芯

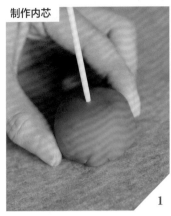

1

熔化 20g 蜂蜡，加入绿色颜料后注入一个边长为 10cm 的正方形纸盘（见第 20 页）。待其凝固后搓成直径为 4cm，高 3cm 的球，用竹签为其开孔。

制作花瓣

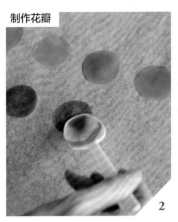

2

熔化 60g 蜂蜡，加入紫色及红色颜料。取出 10g 蜡液，少量加入绿色颜料后，取 1/3 勺蜡液在烘焙纸上铺成直径为 4cm 的圆形蜡片。共制作 8 片。

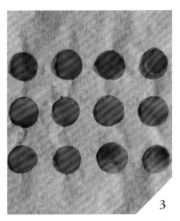

3

取红色蜡液 1/3 勺，铺成直径为 4cm 的圆形蜡片。共制作 12 片。

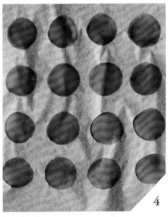

4

取红色蜡液 2/3 勺，铺成直径为 5cm 的圆形蜡片。共制作 16 片。

5

将第 2 步制作的花瓣用剪刀剪成两半。

6

将第 3 步制作的花瓣用剪刀剪成两半。

将花瓣卷在内芯上

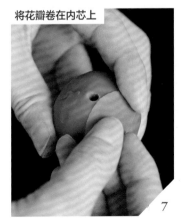

7

将第 5 步制作的花瓣卷在内芯上。

8

将 16 片花瓣全部卷上，不要盖住正中的孔。

9

将第 6 步制作的花瓣也卷上。

本例介绍了内侧花瓣带有少许绿色的花毛茛（第112页图中）的制作方法。将最外层的花瓣向外张开粘贴，即可制成开花状态。蜂蜡液操作温度为80℃～85℃。制作时如果花瓣冷却变硬，可以用手掌捂热，方便操作。本作品成品尺寸约为：直径为5~6cm，高4cm。

10

卷上全部24片花瓣。

11

用剩余的蜡为花底部蘸蜡（见第22页），以固定花瓣。

12

用大拇指腹为第4步制作的花瓣压出弧度。

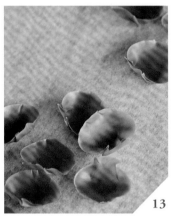

13

给全部16片花瓣捏出两个褶，将褶上的尖端用指腹压圆滑（见第109页第11、12步）。

14

将花瓣卷在内芯上，逐层降低粘贴高度。

15

贴至剩5片花瓣时，为花底部蘸蜡，以固定花瓣。

16

卷上最后5片花瓣。

完工

17

用竹签开孔，穿入棉芯，底部露出1cm的棉芯，将其折向一侧，蘸蜡固定。

18

顶端留1~1.5cm棉芯，将其余部分剪掉即可。

芍药蜡烛的制法
（第113页）

原材料
（1个）
- 蜂蜡……170g
- 蜡烛颜料（粉色、紫色）……适量
- 棉芯……10cm

工具 | ・基础工具

制作内芯

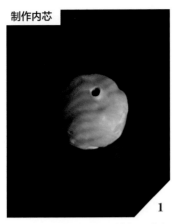

熔化170g蜂蜡，加入粉色及紫色颜料。制作一个边长为10cm的正方形纸盘（见第20页），注入20g蜡液，待其凝固后搓成直径为4.5cm的球，用竹签为其开孔。

制作花瓣

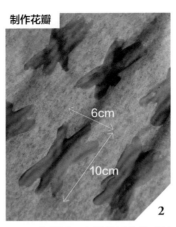

取2/3勺蜡液，在烘焙纸上铺成长10cm，宽6cm的＊形，作为花瓣。共制作40片。

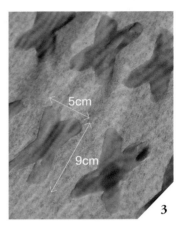

取2/3勺蜡液，在烘焙纸上铺成长9cm，宽5cm的×形，作为花瓣。共制作40片。

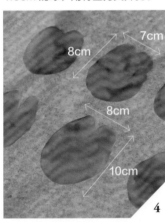

取接近1勺蜡液，在烘焙纸上制作10片长10cm，宽8cm的心形花瓣，5片长8cm，宽7cm的心形花瓣。

将＊形花瓣两两交错组合。

对折。

将折痕处向上折1.5cm。重复此操作，制作20组。

将花瓣卷在内芯上

将第7步制作的花瓣卷在内芯上，用手轻按贴合。

用花瓣裹住内芯。

制作花瓣时蜡液温度应保持为 85℃，温度过低会导致花瓣太厚。蘸蜡操作温度为 80℃ ~85℃，温度过高会导致花瓣熔化。制作时如果花瓣冷却变硬，可以用手掌捂热，方便操作。本作品成品尺寸约为：直径为 10cm，高 6cm。

卷上全部 20 组花瓣，为底部蘸蜡以固定造型。

将 × 形花瓣 4 片一组交错组合。

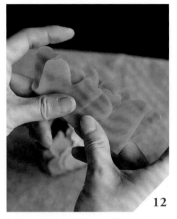

对折。重复此操作，制作 10 组。

将全部 10 组花瓣都卷在内芯上，为底部蘸蜡以固定造型。

将第 4 步制作的花瓣尖端捏出褶。

给共计 15 片花瓣全部捏出两个褶，将褶上的尖端用指腹压圆滑（见第 109 页第 11、12 步）。

将上述花瓣卷在内芯上，先贴小的，再贴大的，之后在底部蘸蜡固定。

完工

用竹签开孔，穿入棉芯，底部露出 1cm 的棉芯，将其折向一侧，蘸蜡固定。

顶端留 1~1.5cm 棉芯，将其余部分剪掉即可。

银莲花蜡烛
Anemone

银莲花鲜艳的部分常被误认为花瓣，其实那是银莲花的花萼。为了使效果更加逼真，需要仔细为每片花萼折出褶皱。用蜡片缠在铝丝上制作花茎。

见第120页。

三色堇蜡烛
Pansy

分两部分制作花瓣后进行组合便可得到三色堇蜡烛。使用亚克力用颜料绘制图案，让蜡烛更漂亮。

见第122页。

银莲花蜡烛的制法

（第118页）

原材料	
（1根）	• 蜂蜡……70g
	• 蜡烛颜料（黑色、蓝色、绿色）……适量
	• 棉芯……10cm
	• 铝线（直径为1mm）……15cm

工具 ｜ • 基础工具

制作雄蕊

1

熔化10g蜂蜡，加入黑色颜料后在烘焙纸上铺薄薄一层。待其凝固且尚软时用竹签快速划出5组放射状雄蕊，直径约为3cm。

2

将多余的蜡搓成直径约为1.5cm的球，用竹签在球上划出纹理（细点状）。

3

将5片雄蕊叠在一起。把球放置于其上，轻按球使片状雄蕊托住球。

4

用竹签为其开孔。

制作花萼

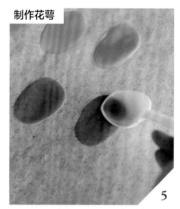

5

熔化40g蜂蜡，加入蓝色颜料。取半勺蜡液，在烘焙纸上铺成长5cm，宽4cm的椭圆形蜡片，共制作10片，作为花萼片。

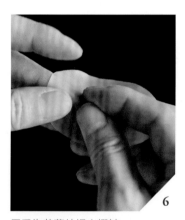

6

用手为花萼片捏出褶皱。

7

捏出5道折痕，注意保持下1/4平整，如上图所示。

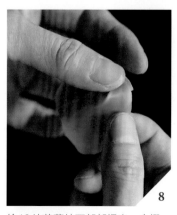

8

给10片花萼片下部都捏出一个褶，将褶上的尖端用手指腹压圆滑。

组装花萼

9

按内侧4片、外侧6片的方式组合花萼片。将花萼片边缘略微弯折，使其更有生机。

本例介绍了蓝色银莲花（第 118 页图左）的制法。本作品成品尺寸约为：直径为 7cm，高 3cm。

10

取 1/3 勺蜡，铺成直径为 4cm 的圆形蜡片。待其稍微凝固后，将边缘折起，做成碗形的底座，然后在底座中加 1/3 勺蜡液，将第 9 步制作的花萼放置在上面并固定。

11

将雄蕊放置在花萼中，用竹签为蜡烛整体开孔。

制作花茎

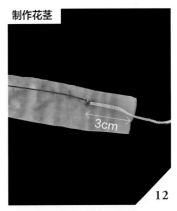

3cm

12

熔化 20g 蜂蜡，加入绿色颜料。取两勺蜡液在烘焙纸上铺成长20cm，宽 5cm 的长条形蜡片。将铝丝及棉芯按上图所示位置放置。

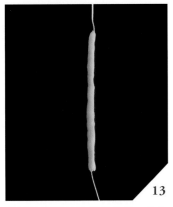

13

用蜡片将铝丝及棉芯卷住，作为花茎。

制作叶片

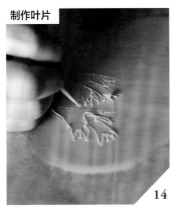

14

将第 12 步剩余蜡液调成深绿色。取两勺蜡液在烘焙纸上铺薄薄一层，待其凝固且尚软时用竹签快速划出3 片叶片（模板见第 123 页）。

15

用剪刀在花茎距顶端 3cm 处剪一个切口。

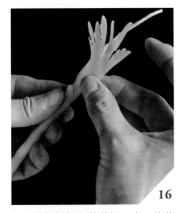

16

将叶片轻轻插入花茎切口中。依此操作安装另外两片叶片。

完工

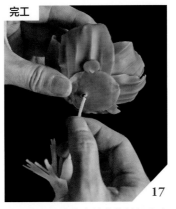

17

将花茎中的棉芯穿过花萼并组合牢固。如果不结实，可以在接口处涂少许绿色蜡液。

18

顶端留 1~1.5cm 棉芯，将其余部分剪掉即可。

三色堇蜡烛的制法
（第 118 页）

原材料
（5 个）
- 蜂蜡……20g
- 蜡烛颜料（黄色）……适量
- 棉芯……10cm
- 亚克力用颜料（黑色、黄色、白色）……适量

工具
- 画笔
- 基础工具

制作花瓣

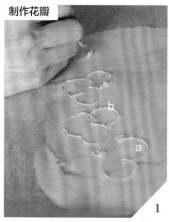

熔化 20g 蜂蜡，加入黄色颜料后在烘焙纸上铺薄薄一层，待其凝固且尚软时用竹签快速划出花瓣，a、b 各 5 片（模板见第 123 页）。

去掉多余的蜡，留下花瓣。

按模板所示虚线处将花瓣略微折叠。

组合两种花瓣。

将 b 叠在 a 后面，上图所示为背面示意图。

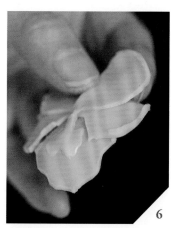

用塑料勺取少量蜡液涂在 a 的细部，粘贴两片花瓣。

贴心小提示

本例介绍了黄色三色堇的制法。蜂蜡液操作温度为 80℃～85℃。制作时如果花萼冷却变硬，可以用手掌捂热，方便操作。本作品成品尺寸约为：直径为 5cm，高 4cm。

用画笔及亚克力用颜料在花瓣上绘制黑色图案。颜料中不必加水，直接干蘸绘制质感更强。

用竹签绘制黄色及白色图案。

用竹签开孔，穿入棉芯，底部露出 1cm 的棉芯，将其折向一侧，蘸蜡固定。顶端留 1~1.5cm 棉芯，将其余部分剪掉即可。

银莲花叶片（第 121 页）、三色堇花瓣模板（1:1）

读者可以将模板复印或临摹在薄纸上，制作时垫在烘焙纸底下，用竹签照着划开蜡片；也可不用模板，自行描画制作。

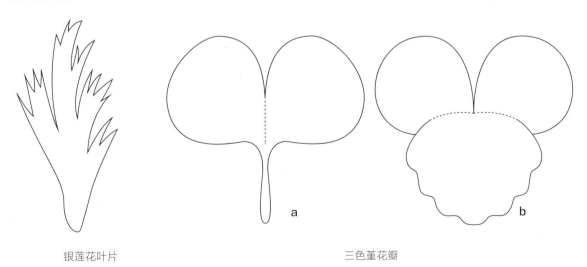

银莲花叶片　　　　　　　　　　　　三色堇花瓣

玛格丽特蜡烛

Margaret

玛格丽特蜡烛的花瓣由两片蜡重
叠而成。第 177 页的猫蜡烛、第
193 页的圣母玛利亚蜡烛都用到
了玛格丽特蜡烛作为装饰。掌握
本例中的技法后，即可在其他作
品中灵活使用。

见第 126 页。

非洲菊蜡烛

Gerbera

制作红色非洲菊蜡烛时，用竹
签在花瓣上划出纹理；将粉色
非洲菊做成拉丝品种，其花瓣
应狭长一些。除了可参考本书
作品图外，读者也可观察真花
以把握细节。

见第 128 页。

玛格丽特蜡烛的制法

（第125页）

原材料（2个）
- 蜂蜡……40g
- 蜡烛颜料（黄色、白色）……适量
- 棉芯……5cm，共2根

工具｜•基础工具

制作雄蕊

熔化20g蜂蜡，加入黄色颜料后在烘焙纸上铺薄薄一层，待其凝固后搓成直径约为1.5cm的球。

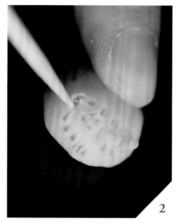

用竹签划出点状的雄蕊纹理。

在雄蕊中心开孔。

制作花瓣

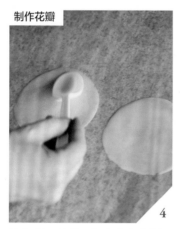

熔化20g蜂蜡，加入白色颜料。取两勺蜡液，在烘焙纸上铺成直径为8cm的圆形蜡片。共制作两片。

待蜡液凝固且尚软时用竹签快速划出花瓣（模板见第127页）。

去掉多余的蜡，留下花瓣。

组装花朵

用竹签在花瓣中心划出痕迹，方便蜡液附着。

在划痕处滴少量蜡液。

将另一片花瓣交错叠放在上面。

贴心小提示

本作品成品尺寸约为：直径为 5cm，高 2cm。

10

在上层花瓣中心划出痕迹，并滴少量蜡液。

11

粘贴雄蕊。调整花瓣形状，使其呈抱拥雄蕊状。

完工

12

用竹签为整体开孔，穿入棉芯，底部露出 1cm 的棉芯，将其折向一侧，蘸蜡固定。顶端留 1~1.5cm 棉芯，将其余部分剪掉即可。

玛格丽特花瓣模板（1:1）

读者可以将模板复印或临摹在薄纸上，制作时垫在烘焙纸底下，用竹签照着划开蜡片；也可不用模板，自行描画制作。

非洲菊蜡烛的制法

（第125页）

原材料
（1个）
- 蜂蜡……60g
- 蜡烛颜料（黑色、红色、紫色）……适量
- 棉芯……10cm

工具 ｜ ·基础工具

制作雄蕊

熔化 20g 蜂蜡，加入黑色颜料，参考第 126 页中的步骤制作雄蕊。

制作花瓣

熔化 40g 蜂蜡，加入红色及紫色颜料。取 3 勺蜡液在烘焙纸上铺成边长为 15cm 的正方形，待其凝固且尚软时用竹签快速划出 5 片花瓣 a（模板见第 129 页）。

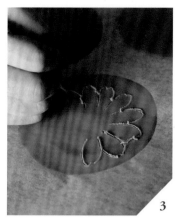

取两勺蜡液在烘焙纸上铺成直径为 10cm 的圆，待其凝固且尚软时用竹签快速划出花瓣 b（模板见第 129 页）。共制作 3 片。

组合花朵

将 5 片花瓣 a 取下，交错组合在一起。

将雄蕊放置于其中，将花瓣聚拢包住雄蕊。

将花瓣 b 取下，用竹签划出纹理。

用竹签在花瓣 b 中心划出痕迹，方便蜡液附着。

在划痕处滴少量蜡液。

将另一片花瓣 b 交错叠放在上面。以此类推，组合全部 5 片花瓣 b。

贴心小提示

本例介绍了深粉色非洲菊（第125页图左）的制法，制作浅粉色非洲菊（同图右，拉丝非洲菊）时在第3步用c模板替换b模板即可。制作时如果花瓣冷却变硬，可以用手掌揾热，方便操作。本作品成品尺寸约为：直径为6cm，高2cm。

10

在上层花瓣中心划出痕迹，滴少量蜡液粘贴雄蕊。

完工

11

用竹签为整体开孔，穿入棉芯，底部露出1cm的棉芯，将其折向一侧，蘸蜡固定。

12

调整外围花瓣使它们略微翘起。顶端留1~1.5cm棉芯，将其余部分剪掉即可。

非洲菊花瓣模板（1:1）

读者可以将模板复印或临摹在薄纸上，制作时垫在烘焙纸底下，用竹签照着划开蜡片；也可不用模板，自行描画制作。

a

b

c

风信子球根蜡烛

Hyacinth Bulbs

前面做了很多花，下面尝试制作
一些更独特的东西。本例用蜡充
分还原了紫色风信子球根的外观
与质感，趣味与严谨并存。

见第 132 页。

三叶草花环蜡烛

Clover

用堆叠的花瓣制作花朵；用蜡
片制作三叶草，再用亚克力用
颜料描绘花纹；花茎用切成细
条的蜡扭成一束制成。

见第 134 页。

风信子球根蜡烛的制法

（第130页）

原材料
（1个）

- 石蜡……200g
- 微晶蜡……20g
- 蜂蜡……60g
- 蜡烛颜料（绿色、棕色、紫色）……适量
- 棉芯……20cm

工具 | •基础工具

制作内芯

1

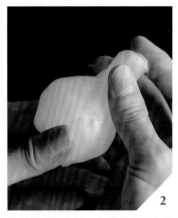

2

3

制作一个边长为20cm的正方形纸盘（见第20页）。熔化200g石蜡、20g微晶蜡注入纸盘，操作温度为75℃~90℃。待蜡凝固，弯折也不会渗出液态蜡后搓圆。

将其搓成灯泡形，上端凸起用来粘贴叶片。

用竹签开孔，穿入棉芯，底部露出1cm的棉芯，将其折向一侧，蘸蜡固定。

制作叶片

4

5

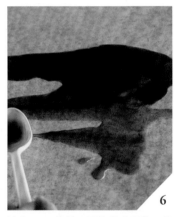

6

熔化20g蜂蜡，加入绿色颜料。取3勺蜡液在烘焙纸上铺略厚一层，待其凝固且尚软时用竹签快速划出两片叶片（模板见第133页）。

去掉多余的蜡，弯折调整叶片形状。

熔化40g蜂蜡，平均分成两份，分别加入棕色及紫色颜料。用塑料勺分别取少许蜡液，在烘焙纸上铺薄薄一层，操作温度为85℃~90℃。

7

粘贴球根表皮及叶片

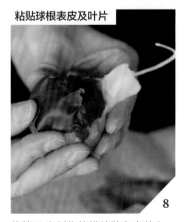

8

9

待蜡凝固后撕下，蜡呈棕色与紫色混杂状。

将第7步制作的蜡片贴在内芯上。蜡片不够则及时补充。

卷上叶片。

通常蜂蜡液操作温度为 80℃ ~85℃，但本例第 6 步为了使蜡片更薄，将温度调整为 85℃ ~90℃。本作品成品全高约为 10cm，球根直径约为 4cm。

10

用蜡片盖住叶片根部。

完工

11

用塑料勺取少许棕色蜡液涂在球根底部，使其呈现为粗糙的泥土质感。

12

顶端留下适当长度的棉芯，完成。需要点燃时再将棉芯裁至 1~1.5cm。

风信子叶片、三叶草花瓣、三叶草模板（1:1）

读者可以将模板复印或临摹在薄纸上，制作时垫在烘焙纸底下，用竹签照着划开蜡片；也可不用模板，自行描画制作。

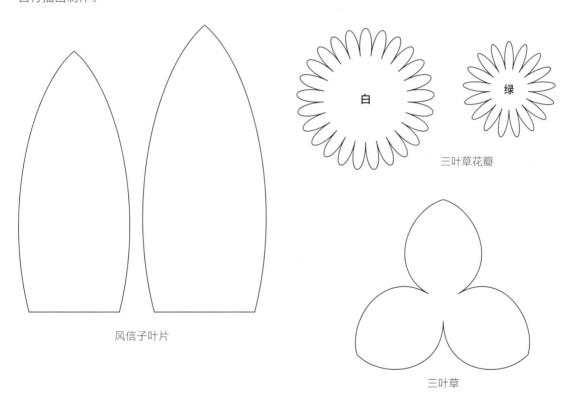

风信子叶片

白

绿

三叶草花瓣

三叶草

三叶草花环蜡烛的制法

（第 130 页）

原材料（1个）
- 石蜡……60g
- 微晶蜡……6g
- 蜂蜡……160g
- 蜡烛颜料（黄色、绿色、白色）……适量
- 棉芯……5cm，共 3 根
- 亚克力用颜料（橄榄色）……适量

工具
- 画笔
- 基础工具

制作内芯

1

制作一个长 30cm，宽 20cm 的纸盘（见第 20 页）。熔化 60g 石蜡、6g 微晶蜡，加入绿色颜料后注入纸盘，操作温度为 75℃～90℃。待蜡开始凝固时从长边将蜡片卷起。

2

卷成环状。

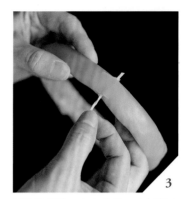

3

用竹签开孔，穿入棉芯，底部露出 1cm 的棉芯，将其折向一侧，蘸蜡固定。以此类推，共安装 3 根烛芯。

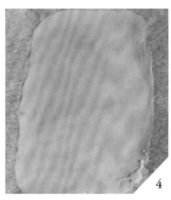

4

熔化 60g 蜂蜡，加入黄色及绿色颜料，在烘焙纸上铺上长 30cm，宽 20cm 的蜡片，厚度约 0.2cm。

5

待蜡凝固且尚软时，用直尺及竹签将蜡片切分成 0.3cm 宽、30cm 长的若干细条，作为花茎。

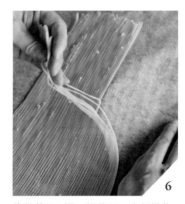

6

将花茎 20 根一组分开，方便操作。

7

将花茎贴在内芯上，如果不够用再制作。花茎一次做太多会硬化而无法使用，所以随用随做。

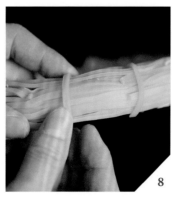

8

用短茎每隔 5cm 捆扎一次。

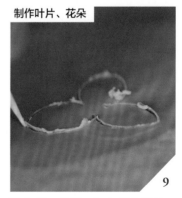

9

制作叶片、花朵

熔化 60g 蜂蜡，加入绿色颜料。取 2~3 勺蜡液在烘焙纸上铺薄薄一层，待其凝固且尚软时用竹签快速划出叶片（模板见第 133 页）。共制作 12~15 片。

每朵花合计需要两色花瓣 7~8 片。叶片和花瓣一次做太多会硬化而无法使用，应随用随做。制作时如果花瓣冷却变硬，可以用手掌捂热，方便操作。本作品成品尺寸约为：直径为 12cm，高 4cm。

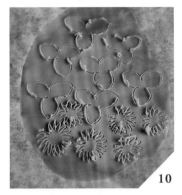

将内侧花瓣制作出来，共制作 40 片（模板见第 133 页）。

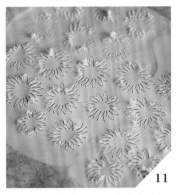

熔化 40g 蜂蜡，加入白色颜料。取 3 勺蜡液在烘焙纸上铺薄薄一层，待其凝固且尚软时用竹签快速划出花瓣（模板见第 133 页）。共制作 80 片。

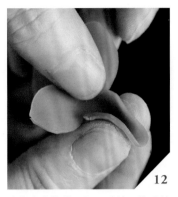

去掉多余的蜡，取下叶片，将叶片反向折起，用手指捏出折痕。

整理叶片形状。

叠放 2~3 片绿色花瓣并搓圆，将其叠放在 4~5 片白色花瓣上，一并搓圆。

整理花瓣的形态，使其更逼真。每朵花合计需要两色花瓣 7~8 片，花瓣比例可以按个人喜好调整。共制作 15 朵花，如果花瓣不够则再做一些。

用画笔及亚克力用颜料在叶片上绘制花纹。颜料中不必加水，直接干蘸绘制质感更强。

完工

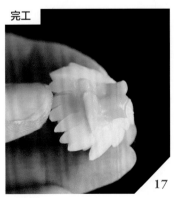

在花朵和叶片底部涂少许即将凝固的蜡液。

将花朵和叶片均匀组装在花环上。顶端留 1~1.5cm 棉芯，将其余部分剪掉即可。

蝴蝶蜡烛

Butterfly

有花便有蝶。先制作蜡片，然后用曲奇模具制形，最后使用亚克力用颜料描绘图形。蝴蝶蜡烛可以放在花上作为点缀。

见第 138 页。

瓶子草蜡烛

Heliamphora

瓶子草是一种广受喜爱的食虫植物，叶片呈开口桶状。瓶子草蜡烛制作时先制作叶片，然后蘸蜡组装底部。

见第 140 页。

蝴蝶蜡烛的制法
（第 137 页）

原材料 （3个）	• 石蜡……60g • 微晶蜡……6g • 蜡烛颜料（白色）……适量 • 棉芯……3cm，共 3 根 • 亚克力用颜料（黑色、黄色、白色）……适量
工具	• 曲奇模具……蝴蝶形 • 基础工具

贴心小提示

本例介绍了白色蝴蝶蜡烛的制法。制作黑色蝴蝶蜡烛时可在蜡片中加入黑色颜料，并用白色亚克力用颜料描绘翅膀图案。

制作蜡片

1

制作蝴蝶形状

2

3

制作一个长 30cm，宽 15cm 的纸盘（见第 20 页）。熔化 60g 石蜡、6g 微晶蜡，加入白色颜料后注入纸盘，操作温度为 75℃~90℃。

待蜡凝固，弯折也不会渗出液态蜡后，用曲奇模具压制形状。

去掉多余的蜡。

4

5

描绘图案

6

将蝴蝶折成立体状，在中心用竹签开孔，穿入棉芯。

底部露出 0.5cm 左右的棉芯，将其折向一侧。用竹签蘸少量蜡液涂在弯折的棉芯末端进行固定。

使用竹签蘸黑色亚克力用颜料描绘图案，边缘用竹签粗端绘制。

7

8

9

细线用竹签细端绘制。

画上黄点与白点。

顶端留 1~1.5cm 棉芯，将其余部分剪掉即可。

瓶子草蜡烛的制法

（第 137 页）

原材料 （1个）	工具｜•基础工具
•蜂蜡……160g •蜡烛颜料（绿色、粉色、紫色）……适量 •棉芯……10cm	

制作叶片

1

熔化 60g 蜂蜡，加入绿色颜料。取 3 勺蜡液在烘焙纸上铺成厚片，待其表面凝固时用竹签划出叶片形状，大、中、小叶片共计制作 11 片（模板见第 141 页）。

2

将叶片卷起。

3

弯折叶片，如上图所示。

4

捏出叶片尖端。

描绘图案

5

融化 100g 蜂蜡，加入粉色及紫色颜料。用竹签蘸蜡液并在第 4 步制作的叶片上绘制纹理，操作温度为 85℃~90℃。

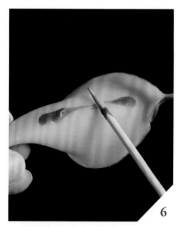

6

在叶片背面也画上线条。

组装叶片

7

为第 5 步制作的叶片下半部分蘸蜡（见第 22 页）。

8

取 5~6 片叶片，将它们下半部分一起蘸蜡。共制作 2 组。

9

组合 2 组叶片。

制作叶片时，每次取 3 勺蜡液，随用随做。制作时如果叶片冷却变硬，可以用手掌捂热，方便操作。

10

组合蘸蜡。

完工

11

在叶片桶里插入棉芯，注入第 1 步剩余的蜡液，操作温度为 75℃。需注意温度过高会导致叶片熔化。

12

顶端留适当长度的棉芯即可，需要点燃时再将棉芯裁至 1~1.5cm。

叶片模板（1:1）

读者可以将模板复印或临摹在薄纸上，制作时垫在烘焙纸底下，用竹签照着划开蜡片；也可不用模板，自行描画制作。

香蜡
Sachet

在香囊模具里加入香草及干花等
并注入蜡液可制成香蜡。香蜡制
作简单，可以送给他人做礼物。

见第 144 页。

画框蜡烛
Frame

在画框模具里加入香草及干花
等并注入蜂蜡与豆蜡可制成画
框蜡烛。画框蜡烛无须点燃，
制作时加入精油会更精致。

见第 145 页。

香蜡的制法
（第 142 页）

原材料 （2个）	• 蜂蜡……约 100g • 干花或永生花……适量 • 精油、香料……适量（不加也可）
工具	• 香囊模具 • 基础工具

贴心小提示

香囊模具用市售产品即可。精油及香料的用量为蜡总量的 3%~5% 即可，过多会导致蜡液难以凝固。

放置原料

1

准备喜欢的干花、永生花。

2

将上述原料放入模具并摆放均匀。

3

原料稍微溢出模具也没关系。

注入蜡液

4

熔化 100g 蜂蜡并注入纸杯，操作温度为 75℃ ~85℃。加入自己喜欢的精油、香料，混合均匀。把纸杯捏出细尖口，缓慢注入蜡液。

完工

5

待蜡液完全凝固后脱模。

6

完工。可依个人喜好打孔穿绳。

画框蜡烛的制法

（第 142 页）

原材料（1个）
- 蜂蜡……70g
- 豆蜡……70g
- 永生花、干香草……适量
- 精油、香料……适量（不加也可）

工具
- 画框模具
- 基础工具

贴心小提示

画框模具用市售产品即可。豆蜡与蜂蜡的比例需根据作品尺寸调整。大号作品若只用蜂蜡会容易弯折，故需加入等量豆蜡。精油及香料的用量为蜡总量的 5%，过多会导致蜡液难以凝固。

放置原料

1

准备喜欢的干香草、永生花。

2

将上述原料放入模具并摆放均匀。

3

一起熔化蜂蜡及豆蜡各 70g，注入纸杯，操作温度为 85℃ ~90℃。加入喜欢的精油、香料，混合均匀。

注入蜡液

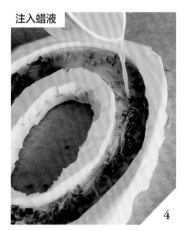

4

把纸杯捏出细尖口，将蜡液缓慢注入模具。

完工

5

待蜡液完全凝固后脱模。

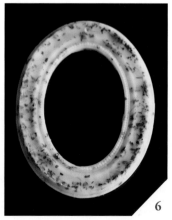

6

完工。可依个人喜好打孔穿绳。

植物蜡烛

Botanical

混入干花、干香草、永生花的
蜡烛即为植物蜡烛。若使用豆
蜡，蜡烛通体白皙；若使用石
蜡蜡烛会呈半透明状。应注意
烛芯要与植物保持距离。

见第 148 页。

果冻蜡烛

Gel

在果冻蜡里加入花瓣制成的果
冻蜡烛浪漫十足。

见第 149 页。

植物蜡烛的制法
（第 147 页）

原材料（1 根）
- 石蜡……370g
- 微晶蜡……10g
- 硬脂酸……8g
- 蜡烛颜料（蓝色、白色）……适量
- 棉芯……15cm
- 垫片（直径为 2cm，高 0.3cm）……1 个
- 干花、永生花……适量
- 食用油……适量

工具
- 圆柱形模具（直径为 10cm 及 8cm）……各 1 个
- 基础工具

贴心小提示

本例介绍了石蜡植物蜡烛的制法（第 146 页图右）。制作豆蜡植物蜡烛的方法相同（无须加入微晶蜡及硬脂酸）。模具使用亚克力材质的即可。为防止引燃干花，模具直径需在 6cm 以上，还需保证烛芯距离蜡烛内芯边缘 3cm 以上。

制作蜡烛内芯

1

预处理模具（见第 28 页）。在直径为 8cm 的模具底部滴少量蜡液，放入装好棉芯的垫片，用一次性筷子压在蜡液上固定。将 100g 颗粒状石蜡直接加入模具。熔化 100g 石蜡并注入模具，操作温度为 70℃~80℃。用一次性筷子夹住棉芯进行固定。待蜡液完全凝固后脱模。

2

将第 1 步制作的内芯放在直径为 10cm 的模具里。

放置干花

3

在模具与内芯的间隙中放入干花、永生花。

注入蜡液

4

熔化 170g 石蜡、10g 微晶蜡、8g 硬脂酸，加入蓝色与白色颜料后注入模具，夏季操作温度为 90℃~100℃，冬季操作温度为 110℃~120℃。

5

用一次性筷子夹住棉芯进行固定。

6

待蜡烛完全凝固后脱模，顶端留 1~1.5cm 棉芯，将其余部分剪掉即可。

果冻蜡烛的制法

（第 147 页）

原材料 （1根）	• 果冻蜡（熔点为 72℃）……200g • 花瓣……适量 • 木芯（1.3cm 宽）……12cm • 木芯垫片（1.3cm 宽）……1 个
工具	• 耐热玻璃杯（直径为 8cm，高 8cm） • 基础工具

贴心小提示

如果使用高熔点果冻蜡，熔化时温度太高可能会使玻璃杯底炸裂，故本作品使用熔点为 72℃ 的果冻蜡。本作品应选用较薄的花瓣。为防止引燃花瓣，玻璃杯直径需在 6cm 以上，还需保证花瓣距离木芯 3cm 以上。

安置木芯

1

用木芯垫片夹住木芯并立在玻璃杯底。

放置花瓣

2

将花瓣放入玻璃杯中。

注入蜡液

3

熔化 200g 果冻蜡并注入杯中，操作温度为 120℃ ~140℃ 。

4

用竹签调整花瓣，使之贴在杯壁上。

完工

5

注入蜡液至距杯口 2cm 处。如果产生气泡，用竹签拨弄去除即可。

6

顶端留 1~1.5cm 的木芯，将其余部分切掉即可。

用裱花袋制作花朵蛋糕蜡烛

Flower Cake Candle

模仿制作真正奶油花朵蛋糕的手法，在裱花袋中装入奶油蜡，再裱花制成花朵蛋糕蜡烛。本例共用到 8 种花（第 154~169 页），它们组合在一起非常华丽。

见第 170 页。

苹果花蜡烛

Appleblossom

顾名思义，苹果的花。做法简单，
适合练手。

原材料
（10个）
- 奶油蜡……80g
- 无水酒精……3g~8g
- 蜡烛颜料（粉色）……适量
- 亚克力用颜料（黄色）……适量

工具
- 裱花袋
- 裱花嘴……玫瑰形
  （直径为1.4mm）
- 裱花钉
- 裱花钉台
- 基础工具

贴心小提示

向奶油蜡中加入无水酒精可
以延缓蜡液凝固，但用量过
多有失火危险，建议夏季加
3g左右，冬季加8g左右。
如果裱花时蜡凝固，可以用
热风枪加热裱花嘴。

制作花瓣

熔化80g奶油蜡，加入粉色颜料。蜡液温度为65℃~75℃时加入3g~8g无水酒精，轻柔混合。

待蜡表面凝固成膜时用一次性筷子仔细将蜡搅拌成奶油状。搅拌至蜡在筷子上不掉时，加入装好裱花嘴的裱花袋。

在裱花钉上滴少许蜡液，贴上一张边长为5cm的正方形烘焙纸，轻按贴牢。

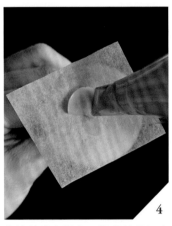

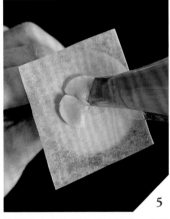

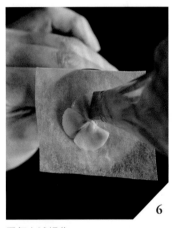

将裱花嘴宽端向下挨着裱花钉中央，窄端翘起30°画圆裱花，制成花瓣。

按照画略扁椭圆的手法裱花，使花瓣两两略微相叠，边旋转裱花钉边操作。

重复上述操作。

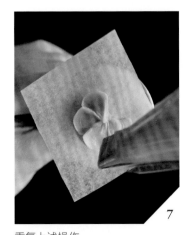

完工

重复上述操作。

做好5片花瓣后，将花朵从烘焙纸上取下。

用竹签蘸黄色亚克力用颜料点在花朵中心处。

角堇蜡烛

Pansy

制作角堇蜡烛时注意使花瓣大小均匀。

原材料 （10个）	• 奶油蜡……80g • 无水酒精……3g~8g • 蜡烛颜料（紫色）……适量 • 亚克力用颜料（黄色、白色、黑色）……适量	工具	• 裱花袋 • 裱花嘴……玫瑰形 （直径为1.6mm） • 裱花钉 • 裱花钉台 • 基础工具

贴心小提示

奶油蜡与裱花钉的预处理方法见第155页。向奶油蜡中加入无水酒精可以延缓蜡液凝固，但用量过多有失火危险，建议夏季加3g左右，冬季加8g左右。如果裱花时蜡凝固，可以用热风枪加热裱花嘴。

制作花瓣

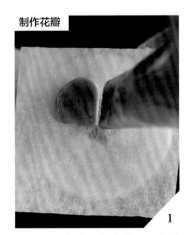

向裱花袋中装入紫色蜡液，在裱花钉上贴好烘焙纸。将裱花嘴宽端向下挨着裱花钉中央，窄端翘起30°画圆裱花，制成花瓣。

按照画略扁椭圆的手法裱花，使花瓣两两略微相叠，边旋转裱花钉边操作。

制作4片花瓣，如上图所示。

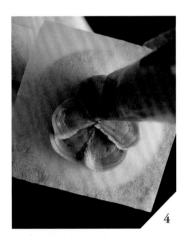

完工

第5片花瓣应大一些。

将花朵从烘焙纸上取下。用竹签蘸黄色、白色、黑色亚克力用颜料描绘纹理。

绣球蜡烛

Hydrangea

绣球花花瓣制法与苹果花制法基本相同。
其花瓣4片一组，注意整理出高低层次。

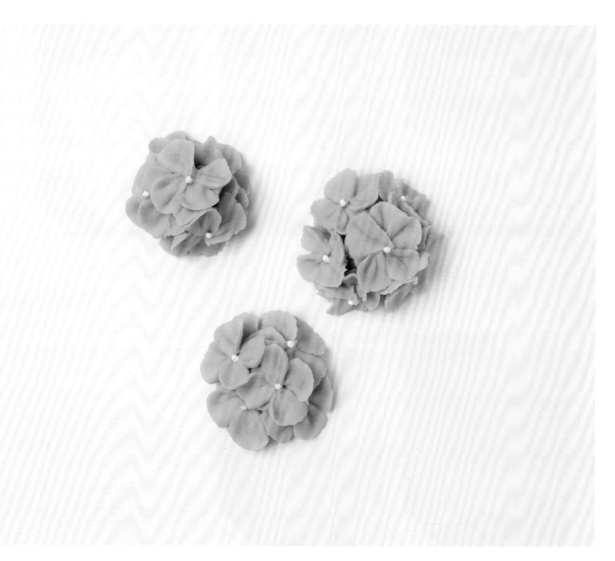

原材料 （3个）	· 奶油蜡……80g · 无水酒精……3g~8g · 蜡烛颜料（黄色、绿色）……适量 · 亚克力用颜料（白色）……适量	工具	· 裱花袋 · 裱花嘴……玫瑰形 　（直径为1.6mm） · 裱花钉 · 裱花钉台 · 裱花剪 · 基础工具

贴心小提示

奶油蜡与裱花钉的预处理方法见第155页。向奶油蜡中加入无水酒精可以延缓蜡液凝固，但用量过多有失火危险，建议夏季加3g左右，冬季加8g左右。如果裱花时蜡凝固，可以用热风枪加热裱花嘴。

向蜡液中加入黄色及绿色颜料，混合均匀后装入裱花袋。大花可以直接在裱花钉上制作。将裱花嘴宽端向下挨着裱花钉中央，窄端翘起30°画圆裱花。

裱花钉旋转两周后即可制成底座。

用上述手法制作 4 片花瓣。

在底座侧面制作 4 片花瓣。

以此类推，在各处均匀添加 4 片一组的花瓣。

用竹签蘸白色亚克力用颜料点在花朵中心处。应使用裱花剪将花朵从裱花钉上取下（见第 19 页）。

小玫瑰蜡烛

Small Rose

制作小玫瑰蜡烛时，先制作底座，再逐片制作花瓣。花瓣少的话则可制成花苞。

原材料 （3个）	• 奶油蜡……80g • 无水酒精……3g~8g • 蜡烛颜料（白色）……适量	工具	• 裱花袋 • 裱花嘴……玫瑰形 　（直径为1.4mm） • 裱花钉 • 裱花钉台 • 裱花剪 • 基础工具

贴心小提示

奶油蜡与裱花钉的预处理方法见第155页。向奶油蜡中加入无水酒精可以延缓蜡液凝固，但用量过多有失火危险，建议夏季加3g左右，冬季加8g左右。如果裱花时蜡凝固，可以用热风枪加热裱花嘴。

制作底座

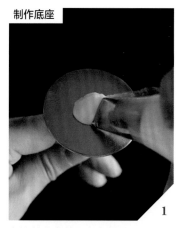

1

向裱花袋中装入白色蜡液。裱花嘴宽端朝下，在裱花钉中心挤出圆锥形蜡。

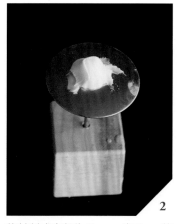

2

将其制成直径为 2cm，高 2cm 的圆锥，作为底座。

制作内芯

3

裱花嘴宽端朝下，旋转裱花钉裱花。

4

按上述操作卷住底座 1 圈至 1 圈半，作为内芯。

制作花瓣

5

将裱花嘴宽端贴着圆锥侧面制作花瓣。

6

每圈制作 3~4 片花瓣。

7

裱花。第 2 圈制作 4~5 片花瓣，第 3 圈制作 5~6 片花瓣。

8

第 4 圈制作 7~8 片花瓣。

9

花朵做到如此大小即可，若继续操作则花朵更大。应使用裱花剪从裱花钉上取下花朵（见第 19 页）。

渐变玫瑰蜡烛
Gradation Rose

渐变玫瑰的花瓣色彩由内到外
逐渐变浅。需要准备 3 种颜色
的奶油蜡。

原材料 （1个）	• 奶油蜡……180g • 无水酒精……7.5g~18g • 蜡烛颜料（白色、粉色） ……适量	工具	• 裱花袋 • 裱花嘴……玫瑰形 （直径为 1.4mm、 1.6mm）……各1个 • 裱花钉 • 裱花钉台 • 裱花剪 • 基础工具

贴心小提示

奶油蜡与裱花钉的预处理方法见第
155 页。向奶油蜡中加入无水酒
精可以延缓蜡液凝固，但用量过多
有失火危险。将奶油蜡分为 3 等
份（每份 60g），每份中无水酒精
的用量建议夏季 2.5g 左右、冬季
6g 左右，并分别调成白色、浅粉色、
深粉色蜡液。如果裱花时蜡凝固，
可以用热风枪加热裱花嘴。

制作底座

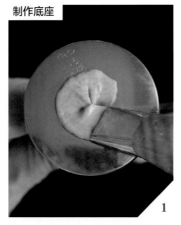

1

2

制作花瓣

3

向裱花袋中装入深粉色蜡液，选用1.4mm 的裱花嘴。将裱花嘴宽端向下挨着裱花钉中央，窄端翘起30° 画圆裱花。

裱花钉旋转两周后，在上面再挤出一个宽条，制成底座。

裱花嘴宽端朝下，在底座上裱花。

4

5

6

让每片花瓣都盖住前一片的一半，旋转裱花钉依次制作。第 1 圈制作4 片花瓣，第 2 圈制作 5 片花瓣，第 3 圈制作 6 片花瓣。

向裱花袋中装入浅粉色蜡液，选用1.4mm 的裱花嘴。旋转一圈裱花钉并制作 7~8 片花瓣。

第 2 圈制作 7~8 片花瓣，制作时将裱花嘴细端略微向外撇。

7

8

9

向裱花袋中装入白色蜡液，选用1.6mm 的裱花嘴。旋转一圈裱花钉并制作 9~10 片花瓣。

制作第 2 圈时裱花嘴由底向上移动（顺时针旋转），共制作 9~10 片花瓣。

第 3 圈制作 9~10 片花瓣，使整体呈开花状。应使用裱花剪从裱花钉上取下花朵（见第 19 页）。

康乃馨蜡烛

Carnation

本例将制作单色康乃馨及双色康乃馨，制作时裱花手法要相同。制作双色康乃馨时需要向裱花袋中装入双色蜡液。

原材料 （1个）	• 奶油蜡……120g • 无水酒精……5g~12g • 蜡烛颜料（白色、紫色） ……适量	工具	• 裱花袋 • 裱花嘴……玫瑰形 （直径为 1.6mm） • 裱花钉 • 裱花钉台 • 裱花剪 • 基础工具

贴心小提示

本例介绍了白紫色康乃馨的制法。奶油蜡与裱花钉的预处理方法见第155页。向奶油蜡中加入无水酒精可以延缓蜡液凝固，但用量过多有失火危险。将奶油蜡分为两等份（每份60g），每份中无水酒精的用量建议夏季2.5g左右、冬季6g左右，并分别调成白色与紫色蜡液。如果裱花时蜡凝固，可以用热风枪加热裱花嘴。

制作底座

向裱花袋中装入白色蜡液。裱花嘴宽端朝下，在裱花钉中心挤出直径为3cm，高3cm的圆锥形蜡，作为底座。

准备双色蜡

将蜡液分别调成白色及紫色后装入同一裱花袋中（紫色蜡对准裱花嘴宽端）。

制作花瓣

裱花嘴宽端朝下，从底座中心开始挤出层层叠叠的花瓣。边旋转裱花钉边制作。

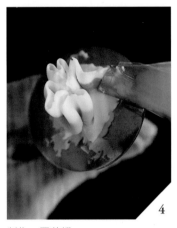

制作一圈花瓣。

花瓣侧面如上图所示。

将第2圈花瓣制作得松一点。

第3圈花瓣略微向外张开。

制作4圈花瓣后，用竹签调整花瓣，避免它们互相粘连。

将花裱成球状，注意整体平衡。应使用裱花剪从裱花钉上取下花朵（见第19页）。

紫盆花蜡烛

Scabiosa

紫盆花花瓣长短有致，十分有活力感。其雄蕊用细尖形裱花嘴制作。

原材料
（5个）
- 奶油蜡……140g
- 无水酒精……5.5g~14g
- 蜡烛颜料（蓝色、黄色、绿色）……适量

工具
- 裱花袋
- 裱花嘴……玫瑰形（直径为1.6mm）、细尖形
- 裱花钉
- 裱花钉台
- 基础工具

贴心小提示

奶油蜡与裱花钉的预处理方法见第155页。向奶油蜡中加入无水酒精可以延缓蜡液凝固，但用量过多有失火危险。80g奶油蜡中无水酒精的用量建议夏季3g左右、冬季8g左右；60g奶油蜡中无水酒精的用量建议夏季2.5g左右、冬季6g左右。如果裱花时蜡凝固，可以用热风枪加热裱花嘴。

制作花瓣

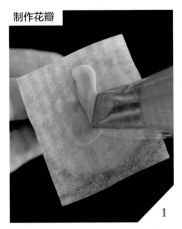

1

2

3

向裱花袋中装入蓝色蜡液，选用1.6mm的裱花嘴。将裱花嘴宽端向下挨着裱花钉中央，窄端翘起30°挤出细长条，作为花瓣。

制作出长短不一的花瓣。

边旋转裱花钉边制作。

4

制作雄蕊

5

6

花瓣制作完成，如上图所示。

把裱花嘴换成细尖形，在花朵中心挤出一圈小点。

将黄绿色蜡液装入裱花袋，选用细尖形裱花嘴在第5步制作的小圈中间挤满小点。

单色花毛茛蜡烛

Ranunculus

花瓣圈数越多，花朵越大，可制
作不同尺寸的花毛茛作为装饰。

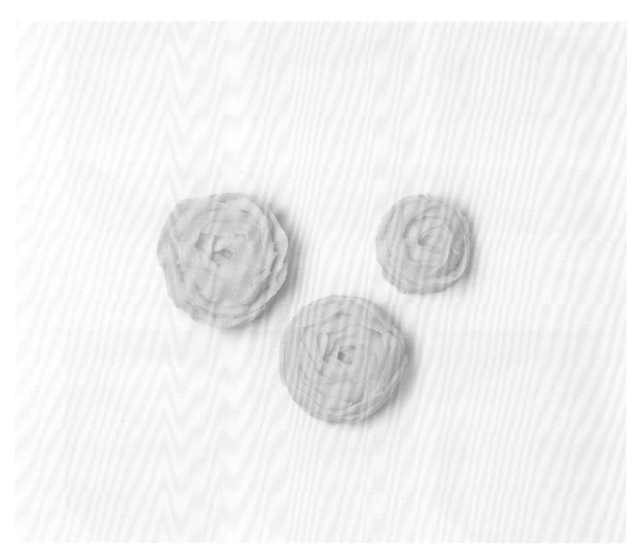

原材料
（3个）
• 奶油蜡……80g
• 无水酒精……3g~8g
• 蜡烛颜料（黄色）……适量

工具
• 裱花袋
• 裱花嘴……玫瑰形
（直径为1.4mm）
• 裱花钉
• 裱花钉台
• 裱花剪
• 基础工具

贴心小提示

奶油蜡与裱花钉的预处理方法见
第155页。向奶油蜡中加入无
水酒精可以延缓蜡液凝固，但用
量过多有失火危险，建议夏季加
3g左右，冬季加8g左右。如果
裱花时蜡凝固，可以用热风枪加
热裱花嘴。

制作底座

1

向裱花袋中装入黄色蜡液。将裱花嘴宽端向下挨着裱花钉中央，窄端翘起30°，旋转裱花钉裱花。旋转两圈即可制成底座。

制作花瓣

2

裱花嘴宽端朝下，在底座上裱花。

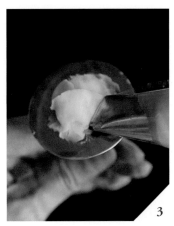

3

让每片花瓣都盖住前一片的一半，旋转裱花钉依次制作。第1圈制作3片花瓣。

4

第2圈制作4~5片花瓣，第3圈制作5~6片花瓣。

5

裱花嘴宽端朝下，细端略微向外撇，继续裱花，使花瓣略微向外张开。

6

如此操作直至花朵尺寸满意为止。应使用裱花剪从裱花钉上取下花朵（见第19页）。

花朵蛋糕蜡烛的制法
（第152页）

原材料（1个）
- 花朵配件（第154~169页）……适量
- 石蜡……900g
- 奶油蜡……300g
- 无水酒精……12g~30g
- 蜡烛颜料（黄色、绿色）……适量
- 棉芯……15cm
- 垫片（直径为2cm，高0.3cm）……1个
- 食用油……适量

工具
- 活底蛋糕模（直径为15cm）
- 裱花袋
- 裱花嘴……玫瑰形（直径为1.4mm）、星形
- 裱花钉
- 裱花钉台
- 基础工具

制作底座

1. 为蛋糕模涂上薄薄一层食用油。在模具底部滴少量蜡液，固定已装好棉芯的垫片。

2. 将650g颗粒状石蜡加入模具。

3. 熔化250g石蜡并注入模具，操作温度为70℃~80℃。待其凝固后脱模。

制作叶片

4. 向裱花袋中装入100g黄绿色奶油蜡液，选用玫瑰形裱花嘴。在裱花钉上贴好烘焙纸，将裱花嘴宽端向下挨着裱花钉中央，窄端翘起10°，用切划手法裱出叶片。

5. 将叶片做成椭圆形。

6. 共制作10片左右。

奶油蜡与裱花钉的预处理方法见第 155 页。奶油蜡共需要 3 份，各 100g，分别用于涂抹底座、制作叶片、制作装饰花。向奶油蜡中加入无水酒精可以延缓蜡液凝固，但用量过多有失火危险。100g 奶油蜡中的无水酒精建议用量为夏季 4g 左右，冬季 10g 左右。如果裱花时蜡凝固，可以用热风枪加热裱花嘴。本作品成品尺寸约为：直径为 17cm，高 8cm。

涂抹奶油蜡

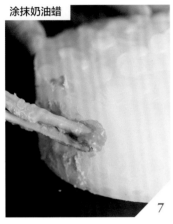

7

搅拌 100g 绿色奶油蜡（见第 21 页），将其涂在底座表面。

8

在花朵配件底部涂上搅拌过的奶油蜡，将其粘在底座上。

9

把花朵和叶片都组装在底座上。

完工

10

向裱花袋中装入 100g 黄绿色奶油蜡液，选用星形裱花嘴在花朵及叶片的间隙中裱花。

11

对整体进行装饰和点缀，注意均匀、美观。

12

顶端留 1~1.5cm 棉芯，将其余部分剪掉即可。

花瓣专用硅胶模

制作诸如第 112 页的渐变花毛茛蜡烛等作品时，可以用硅胶膜方便地完成花瓣的弯曲、褶皱处理。

使用半球形硅胶膜。

用烘焙纸延展制作出花瓣，并将花瓣放在硅胶膜中以进行塑形。

脱模后处理花瓣的尖角。

贴合角度可自行调整。

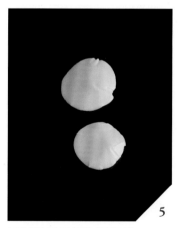

如此可以快速调整花瓣形状。

组装花瓣。一次需做很多片花瓣时，使用模具可以令操作快捷流畅。

5. 硅胶模具蜡烛的制作

制作蜡烛时，自己制作公模并用硅胶翻模，就可以做出仅属于自己的独一无二的原创蜡烛。这部分将以第 176 页所示的鸟蜡烛为例讲解硅胶模具的基础制作方法，请读者以此为参考，自由发挥自己的创造力，制作更多的硅胶模具。

鸟蜡烛、浮雕蜡烛、靴子蜡烛
Bird，Relief，Boots

制模后即可自行改换蜡的颜色及
种类，制作各种颜色和材质不同
的蜡烛。

鸟蜡烛的制法见第 178 页，浮雕蜡烛、靴子蜡烛的制
法见第 182 页。

猫蜡烛
Cat

用美国土制作猫蜡烛的公模，并在
成品脚边布置花朵蜡烛作为装饰。
本作品使用的是第 124 页所示的玛
格丽特花的缩小版。

见第 183 页。

鸟蜡烛的制法

（第 177 页）

| 原材料
（1个） | • 石蜡……60g
• 微晶蜡……6g
• 蜡烛颜料（黄色）……适量
• 棉芯……10cm | 制模材料
（若未特殊说明则为适量） | • 硅氧树脂……200g
• 硬化剂……8g
• 铝箔
• 灰色美国土 |

制作公模

1

参考鸟的长度，将铝丝卷成长 10cm 的椭圆。

2

将铝丝按照鸟的身体形状卷起。

3

用铝箔将铝丝裹起来。

4

将铝箔紧实地卷成鸟的轮廓。

5

在铝箔外裹上一层美国土。

6

用美国土完全覆盖铝箔。

7

用美国土搓两个小球作为鸟的眼睛，用抹刀将它们贴在适当位置。鸟嘴也用抹刀整形制作。

8

将美国土在烘焙纸上铺成翅膀形，使用抹刀绘制翅膀纹理。

9

将翅膀贴在身体上。

- 塑料板
- 铝丝（直径为 1mm）
- 珐琅溶剂
- 脱模剂
- 油泥

工具
- 热风枪（可用电吹风代替）
- 抹刀
- 一次性乙烯基手套
- 橡皮筋
- 油性笔
- 口罩
- 基础工具

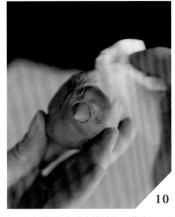

10

用纸巾蘸珐琅溶剂轻拭公模表面凹凸不平及指纹处，使公模外表面光滑平整。

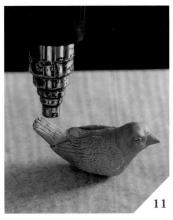

11

用热风枪加热美国土使其硬化，通常需要加热 10~15 分钟，注意不要烤焦。也可用电吹风代替热风枪，但会比较耗时。公模制作完成。

制作硅胶模

12

用塑料板制作一个比公模大一圈（四周多出 1cm 左右）的箱子。

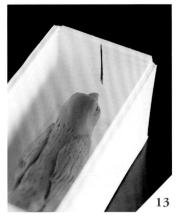

13

在箱子内壁对准公模中线位置做好标记（头尾两端各做一处标记），脱模时由此切开。

14

戴好口罩，给公模整体喷上脱模剂。

15

在纸杯里加入 50g 硅氧树脂。

16

戴上一次性乙烯基手套，在硅氧树脂里加入 2g 硬化剂。

17

用一次性筷子搅匀。

18

将树脂缓慢倒入塑料箱中。

19

待公模表面覆盖一层树脂后，静置等待至凝固。这样可以让公模在箱内固定，约需 1 小时。

20

在 150g 硅氧树脂里加入 6g 硬化剂，混合均匀后倒入箱中。

21

静置，待树脂完全凝固，需 4~6 小时。

22

将硅胶模从箱中取出，可发现第 13 步做的标记印在了模具上。

23

用美工刀从标记处切开硅胶模。

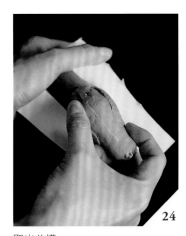

24

取出公模。

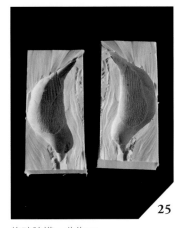

25

将硅胶模一分为二。

26

在模具底部挖一个直径为 3cm 的孔，用来注入蜡液。

27

在一个模具上部切口并穿入棉芯，用手夹住固定。

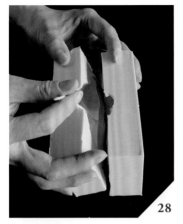

28

组合硅胶模。

29

用多根粗橡皮筋固定住模具。

30

用油泥封住硅胶模缝隙。

31

将棉芯系在橡皮筋上，防止其滑入模具里。

32

熔化60g石蜡、6g微晶蜡，加入黄色颜料后注入模具，操作温度为90℃ ~100℃ 。

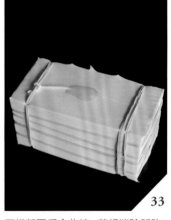

33

石蜡凝固后会收缩，若想消除凹陷，可待第一次注入的蜡完全凝固后继续加蜡。

完工

34

硅胶模若已冷却，表示蜡已完全凝固，可以脱模。

35

鸟形蜡烛完成。

36

将底部棉芯尽量剪短，顶端留1~1.5cm棉芯，其余部分剪掉即可。

浮雕蜡烛的制法
（第 177 页）

原材料（1 个）
- 石蜡……120g
- 微晶蜡……12g
- 蜡烛颜料（绿色、白色）……适量
- 棉芯……15cm

贴心小提示

制模材料及工具、制模步骤与第 178 页的相同，材料用量为：硅氧树脂约 250g、硬化剂约 10g。本作品成品尺寸约为：直径为 6cm，高 8cm。

制作公模

1

2

完工

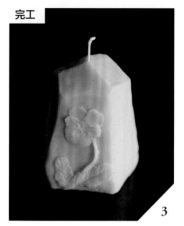

3

制作公模，做好基底后贴上花朵作为浮雕图案。

制作硅胶模。注意标记不要画在有花的一面。

制模完成后，熔化 120g 石蜡、12g 微晶蜡，加入绿色及白色颜料后注入模具，操作温度为 90℃~100℃。蜡凝固后脱模，将底部棉芯尽量剪短，顶端留 1~1.5cm 的棉芯，其余部分剪掉即可。

靴子蜡烛的制法
（第 177 页）

原材料（1 个）
- 石蜡……80g
- 微晶蜡……8g
- 蜡烛颜料（橙色或蓝色）……适量
- 棉芯……15cm

贴心小提示

制模材料及工具、制模步骤与第 178 页的相同，材料用量为：硅氧树脂约 200g、硬化剂约 8g。本作品成品尺寸约为：高 6cm，底长为 6cm。

制作公模

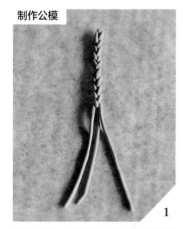

1

2

完工

3

制作公模。将美国土搓成细条后编成三股辫，用以制作编织纹理。

制作基底，贴上第 1 步制作的三股辫。搓两个小球，用抹刀在小球上扎出许多小点，贴在基底上作为装饰。制作硅胶模。

制模完成后，熔化 80g 石蜡、8g 微晶蜡，加入橙色（或蓝色）颜料后注入模具，操作温度为 90℃~100℃。蜡凝固后脱模，将底部棉芯尽量剪短，顶端留 1~1.5cm 的棉芯，其余部分剪掉即可。

猫蜡烛的制法

（第 177 页）

原材料
（1个）

- 石蜡……80g
- 微晶蜡……8g
- 蜂蜡……20g
- 蜡烛颜料（黑色、粉色）……适量
- 棉芯……15cm
- 亚克力用颜料……适量

贴心小提示

制模材料及工具、制模步骤与第178 页的相同，材料用量为：硅氧树脂约 250g、硬化剂约 10g。本作品成品尺寸约为：高 10cm，底座直径为 7cm。

制作公模

1

制作公模。

2

制模完成后，熔化 80g 石蜡、8g 微晶蜡，加入黑色颜料后注入模具，操作温度为 90℃~100℃。蜡凝固后脱模，将底部棉芯尽量剪短，顶端留 1~1.5cm 的棉芯，其余部分剪掉。

3

用竹签在蜡烛底座上划痕。熔化 20g 蜂蜡，加入粉色颜料，参照第126 页的步骤制作直径为 2cm 的玛格丽特。

4

在底座上涂上半干的蜡，贴上花朵。

5

用竹签蘸黄色亚克力用颜料绘制花朵中心。

6

完工。花朵可依个人喜好随意布置。

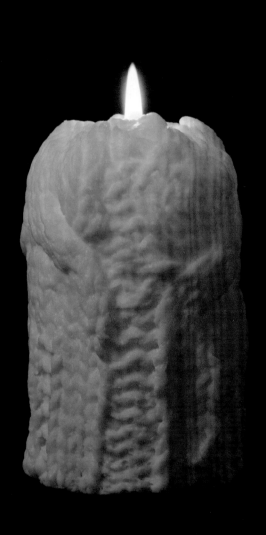

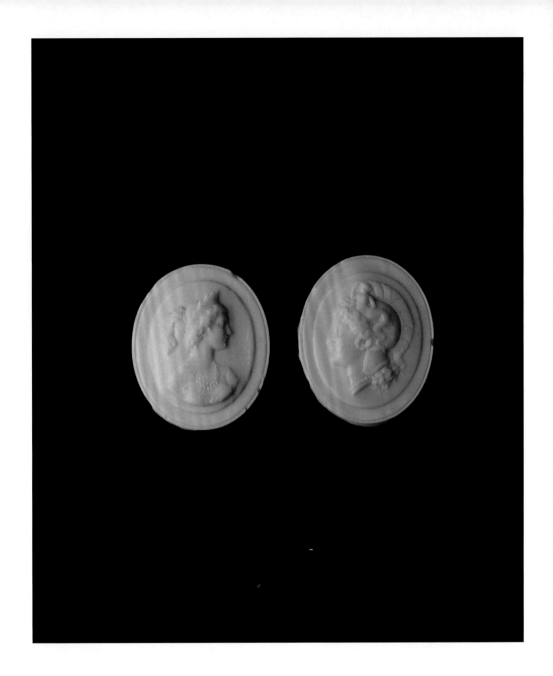

编织物蜡烛

Knit

将编织物浸透蜡液后制取硅胶模，可使最终成品质感与真正的编织物十分相似。编织物可以卷在圆柱形蜡烛上，也可以单独作为素材。

见第 186 页。

浮雕章蜡烛

Cameo

浮雕章公模可用实物制成，也可自行原创。读者可以趁本作品凝固且尚软时将其贴在其他蜡烛上作为点缀。

见第 188 页。

编织物蜡烛的制法

（第 185 页）

原材料
（1个）

- 石蜡……280g
- 蜂蜡……80g
- 蜡烛颜料（白色）……适量
- 塑料板
- 硅氧树脂……400g
- 硬化剂……16g
- 直径为 5cm 的圆柱形蜡烛（使用模具或参考第 34 页的步骤制作）
- 编织物……边长为 20cm

工具

- 基础工具
- 一次性乙烯基手套
- 口罩

制作公模

1

制作公模。自行编织或从废弃衣物上取一块边长为 20cm 的编织物，作为公模。

2

给编织物浸蜡。熔化 200g 石蜡，蜡液温度为 80℃ ~90℃ 时将编织物浸入。如果不浸蜡，硅氧树脂会渗入编织物内。

制作硅胶模

3

用塑料板制作一个比编织物大一圈（四周多出 1cm 左右）的箱子，将编织物放置于其中并摆放平整。

4

待蜡凝固后，混合 100g 硅氧树脂及 4g 硬化剂，缓慢注入其中。待编织物表面覆盖一层树脂后，静置等待凝固，这样可以让编织物在箱内固定。

5

静置 1 小时，待树脂凝固后，混合 300g 硅氧树脂及 12g 硬化剂倒入箱中。

6

静置需 4~6 小时，至树脂完全凝固，将编织物脱模取下。

编织物蜡片可以用于装饰其他蜡烛，如卷在圆柱形蜡烛上、挂在墙上……读者可以尽情发挥想象力。本作品卷着使用时，为保证其柔软性，应加入蜂蜡；若仅使用石蜡及微晶蜡，成品被弯折时会断裂。

7

硅胶模制作完成。

注入蜡液

8

熔化 80g 蜂蜡与 80g 石蜡，加入白色颜料后注入模具，操作温度为90℃ ~100℃ 。

9

待蜡凝固，按压也不会渗出液态蜡时趁热脱模。

完工

10

将编织物蜡片卷在圆柱形蜡烛上。

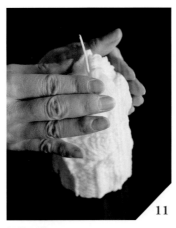

11

调整形状。

12

顶端留 1~1.5cm 的棉芯，将其余部分剪掉即可。

浮雕章蜡烛的制法
（第185页）

原材料（2个）
- 蜂蜡……40g
- 蜡烛颜料（粉色、蓝色、白色）……适量
- 塑料板
- 硅氧树脂……150g
- 硬化剂……6g
- 脱模剂……适量
- 浮雕章（依个人喜好）

工具
- 基础工具
- 一次性乙烯基手套
- 口罩

制作公模

1

准备浮雕章。

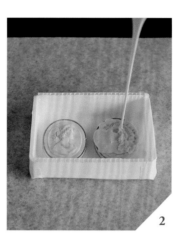

2

用塑料板制作一个比浮雕章大一圈（四周多出1cm左右）的箱子，将浮雕章放置于其中并摆放平整给公模整体喷上脱模剂。混合50g硅氧树脂及2g硬化剂，缓慢注入其中。待浮雕章表面覆盖一层树脂后，静置待其凝固，这样可以使其在箱内固定。

3

静置1小时，待树脂凝固后，混合100g硅氧树脂及4g~6g硬化剂倒入箱中。需静置4~6小时，至树脂完全凝固，将浮雕章脱模取出。

4

硅胶模制作完成。

注入蜡液

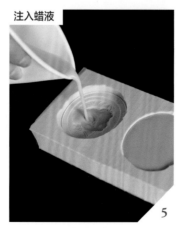

5

熔化40g蜂蜡，分成两等份后分别加入粉色颜料及蓝色＋白色颜料，注入模具，操作温度为90℃～100℃

6

待蜡凝固，按压也不会渗出液态蜡时趁热脱模。

贴心小提示

浮雕章可作为装饰、点缀物灵活使用。本例将其贴在第 46 页制作的大理石蜡烛上。

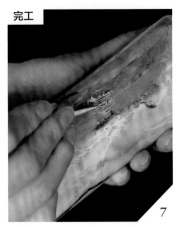

完工

7

用竹签在用作基底的蜡烛上划出痕迹。

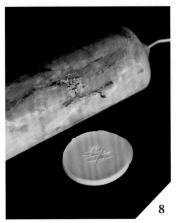

8

在浮雕章背面划出痕迹，方便贴合。

9

在贴合面涂上半干的蜡。

10

将浮雕章贴在蜡烛上即可。

圣母玛利亚蜡烛

Saint Mary

制作圣母玛利亚蜡烛的公模并制取硅胶模，制成圣母玛利亚蜡烛。本作品成品约高 25cm，使用了 400g 石蜡、40g 微晶蜡。本作品制作难度较高，读者若已熟练掌握第 5 部分的技法便可以一试。装饰花朵使用了第 124 页制作的玛格丽特花的放大版。

1

用竹签在需要贴花朵的地方划出痕迹。

2

在贴合面涂上半干的蜡。

3

贴上花朵。

6. 蜡艺组合的制作

蜡烛可为生活增添一抹亮色，例如用果冻蜡烛与花材组合装点桌面，用浸蜡丝带与干花组合制作挂饰等。

鲜花水晶蜡烛

Gummy Crystal

硬质果冻蜡不易变形、弹性好。
硬质果冻蜡烛切面整形后就会
如同水晶般闪亮。本作品可与
鲜花组合作为桌面装饰。

见第 198 页。

鲜花紫水晶蜡烛

Gummy Amethyst

将透明的硬质果冻蜡调成紫色就
可制作紫水晶蜡烛。与该蜡烛搭
配的鲜花颜色也应配合调整。

见第 199 页。

鲜花水晶蜡烛的制法
（第196页）

原材料（1个）
- 硬质果冻蜡……340g
- 棉芯……20cm，共2根
- 纸杯（7盎司、12盎司）……各1个
- 花泥……适量
- 手工胶带……适量
- 花材……适量
- 花艺铁丝（#24）……适量

预处理纸杯

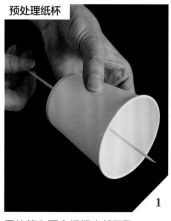

1

用竹签在两个纸杯底部开孔。

2

将棉芯穿过杯底的孔。

3

用手工胶带粘住底孔。布胶带可能会融化，必须使用手工胶带。

注入蜡液

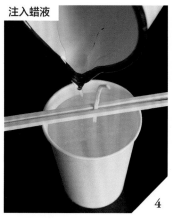

4

用一次性筷子固定棉芯。熔化340g硬质果冻蜡，将140g注入7盎司（1盎司≈28.35g）纸杯，200g注入12盎司纸杯，操作温度为170℃。

取出蜡烛

5

待蜡凝固后撕开纸杯取出蜡烛。用剪刀修剪蜡烛外观。

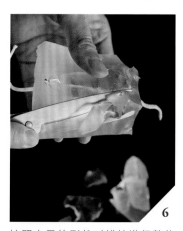

6

按照水晶的形状对蜡烛进行整体修剪。

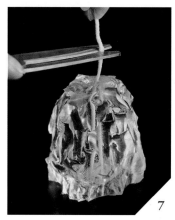

7

将底部棉芯尽量剪短，顶端留1~1.5cm的棉芯，其余部分剪掉。

裁取花泥

8

用水充分浸泡花泥。之后，根据水晶蜡烛的尺寸将花泥裁成适当大小。

搭配花材

9

将花材插在花泥上。

工具 | • 剪刀
| • 基础工具

贴心小提示

水晶蜡烛和紫水晶蜡烛制作步骤相同。花材的种类及颜色应与蜡烛颜色搭配。

10

参考第 202 页的步骤将花艺铁丝弯成 U 形，将叶片固定在花泥侧面进行遮挡。

11

共制作 2 组花材。

12

将蜡烛与花材装在容器内即可。

鲜花紫水晶蜡烛的制法
（第 197 页）

原材料
（1 个）
- 硬质果冻蜡……340g
- 蜡烛颜料（紫色）……适量
- 棉芯……20cm，共 2 根
- 纸杯（7 盎司、12 盎司）……各 1 个
- 手工胶带……适量
- 花材……适量
- 花艺铁丝（#24）……适量
- 花泥……适量

工具 | • 剪刀
| • 基础工具

制作紫水晶蜡烛

1

参考上述步骤，用紫色蜡液制作紫水晶蜡烛。

搭配花材

2

根据蜡烛的颜色搭配花材。

3

将蜡烛与花材装在容器内即可。

花环蜡烛

Garland

在环状花泥上装饰斜渐变色的
圆柱形蜡烛及绿植可制成花环
蜡烛。

见第 202 页。

水果篮子蜡烛

Fruit Basket

将苹果挖空装入花泥，组合上五角锥
形蜡烛及绿植可制成水果篮子蜡烛。

见第 204 页。

花环蜡烛的制法
（第 201 页）

原材料（1 个）
- 石蜡……300g
- 微晶蜡……30g
- 硬脂酸……15g
- 蜡烛颜料（黑色、绿色）……适量
- 棉芯……25cm
- 油泥……适量
- 食用油……适量
- 铁丝（直径为 0.8~1mm）……适量
- 花艺铁丝（#24）……适量
- 花泥环（直径为 15cm）
- 花材……适量

工具
- 铅笔形模具（直径为 4.4cm，高 6.5cm）
- 剪刀
- 基础工具

制作蜡烛

1

参考第 30 页的步骤制作一个渐变蜡烛。熔化 300g 石蜡、30g 微晶蜡、15g 硬脂酸，按 1:2 的比例分装，往多的一份里加入黑色颜料，少的一份里加入绿色颜料。制作斜渐变色蜡烛时，应用油泥将模具斜向固定，然后注入黑色蜡液，操作温度为 90℃~100℃。

2

待黑色蜡液凝固后，将模具直立放好，用一次性筷子固定棉芯。注入绿色蜡液，操作温度为 80℃~90℃。

3

取 5cm 长的铁丝，趁蜡液未完全凝固时插入蜡烛底部，共插 4 根。依此方法再制作出黑色蜡烛、水平渐变蜡烛。将底部棉芯尽量剪短。

4

用水充分浸泡花泥环。将第 3 步插入蜡烛的铁丝的另一端插入花泥。

5

共装上 3 根蜡烛。

制作 U 形钩

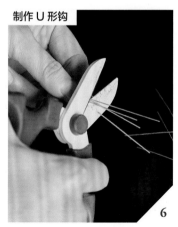

6

用剪刀将花艺铁丝剪成 5cm 长。

贴心小提示

花材可依个人喜好自由选择，可选用干花、永生花、青苔、鲜花等。
本作品使用了渐变色蜡烛，读者也可替换成自己喜欢的其他蜡烛。

搭配花材

7

将 5cm 长的花艺铁丝弯折成 U 形。

8

准备喜欢的花材。

9

将花材插在花泥上，并用叶片盖住
基底。

10

将植物插入花泥。

11

用第 7 步制作的 U 形钩固定植物。
花环上的各处间隙可以用青苔配合
U 形钩填补。

12

顶端留 1~1.5cm 的棉芯，将其余
部分剪掉即可。

水果篮子蜡烛的制法
（第 201 页）

原材料	工具
（1 个）	

原材料（1 个）
- 石蜡……150g
- 微晶蜡……15g
- 硬脂酸……7g
- 蜡烛颜料（水蓝色）……适量
- 棉芯……30cm
- 油泥……适量
- 食用油……适量
- 铁丝（直径为 0.8~1mm）……适量
- 花泥……适量
- 苹果……1 个
- 花材……适量

工具
- 五角锥模具（直径为 7.6cm，高 17.4cm）
- 剪刀
- 水果刀
- 基础工具

制作容器

1

将苹果上端切掉 1cm 左右。

2

用水果刀沿苹果皮向内切一圈，深度约 1cm 左右。

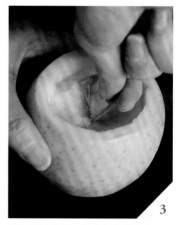

3

用勺子挖去苹果上半部分的果肉。

4

将花泥用水充分浸泡后，裁成可以放进苹果的大小并放进苹果。

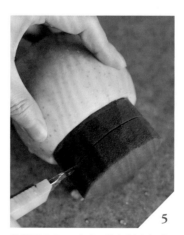

5

花泥露出 2cm 左右，裁去其余部分。

6

裁掉花泥的角。

安放蜡烛

7

8

搭配花材

9

制作一个高 12cm 左右的蜡烛。参考第 28 页的步骤，熔化 150g 石蜡、15g 微晶蜡、7g 硬脂酸，加入水蓝色颜料后注入预处理过的模具中，操作温度为 90℃ ~100℃。取 5cm 长的铁丝，趁蜡液未完全凝固时插入蜡烛底部，共插 4 根。将底部棉芯尽量剪短。

将蜡烛插入第 6 步制作的花泥中。

将花材插在花泥上。

10

11

用花材挡住花泥。

顶端留 1~1.5cm 棉芯，将其余部分剪掉即可。

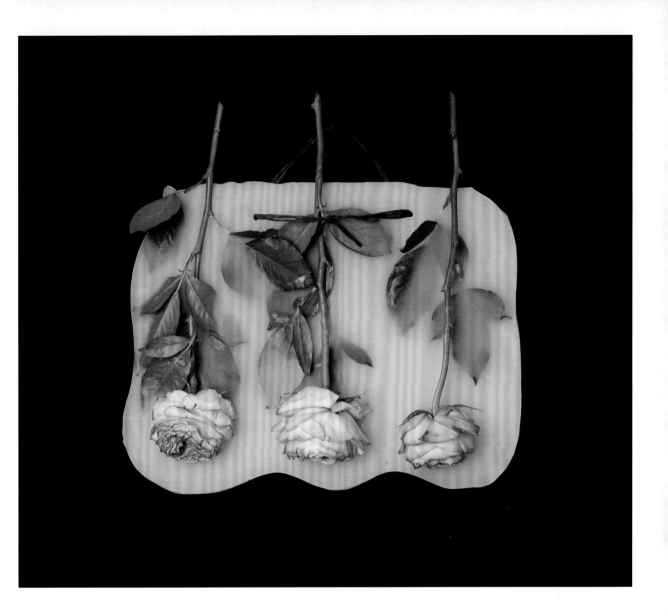

蜡烛挂饰
Swag

将丝带或布浸满蜡液后包住挂饰底部，这样制出的成品美妙如画。本作品成品可大可小，或大胆前卫，或小巧可人。

见第 208 页。

蜡挂花
Solid Flower

将玫瑰并排摆好后，倒上蜡液，固定即可，然后花朵会逐渐变成干花，别有一番趣味。鲜花种类与尺寸可自由选择。

见第 209 页。

蜡烛挂饰的制法

（第 207 页）

原材料 （1 个）	• 石蜡……200g • 花材……适量 • 铁丝衣架 • 丝带（或布）	• 铁丝（直径为 0.8~1mm） 　……适量 • 精油……适量

工具 ｜ • 基础工具

贴心小提示

花材和丝带（或布）可依个人喜好选择。丝带（或布）的颜色最好与花的颜色相称。

制作挂钩

1

将铁丝衣架弯折，如上图所示。

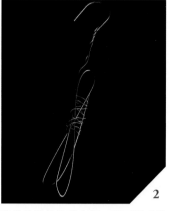

2

用铁丝缠住铁丝衣架，即可制成挂饰的骨架。

3

将选择的花材卷在铁丝衣架上，并用铁丝缠好。

为丝带浸蜡

4

熔化 200g 石蜡。

5

将丝带（或布）浸入蜡液，操作温度为 80℃ ~90℃。

6

将丝带（或布）捞出放在烘焙纸上，依个人喜好加入适量精油。

缠卷丝带

7

趁丝带（或布）尚软时卷在第 3 步制作的成品根部。

完工

8

整理形状，将多余的布剪去。

9

完工。铁丝骨架能充分支撑固定花材，可以将该挂饰放心地挂在墙上。

蜡挂花的制法
（第207页）

原材料
（1个）
- 石蜡……约250g
- 微晶蜡……约25g
- 花材……适量

工具 | • 基础工具

贴心小提示

本例介绍了用鲜花制作蜡挂花的方法，也可选用干花、永生花等。

放置花材

1

制作一个长40cm，宽30cm的长方形纸盘（见第20页），把花材放置于其中。纸盘的尺寸可根据花材大小调整。

注入蜡液

2

熔化250g石蜡、25g微晶蜡并注入纸盘，操作温度为80℃。蜡液总量根据纸盘尺寸调整。

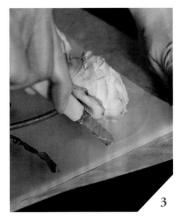

3

待蜡凝固，轻按也不会渗出液态蜡时拆去纸盘。根据个人喜好修整蜡片的边缘形状。

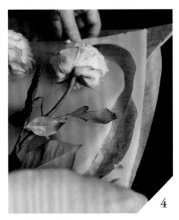

4

去掉多余的蜡。

完工

5

用竹签扎两个孔用于悬挂蜡挂花。

6

完工。可以在孔里穿绳悬挂蜡挂花或将其钉在墙上。

作者简介

前田佐千子是艺术蜡烛协会理事长，成立了
Candle. Vida 工作室，在东京、大阪、仙台等
地开设培训课程。自幼对制作手工蜡烛兴趣深
厚，自 1998 年起她正式全身心投入这一行业，
独创了许多制作手工蜡烛的技法，其作品优美
独特。她还著有多本艺术蜡烛相关图书。